The Science of Living

阿德勒心理学讲义
生活的科学

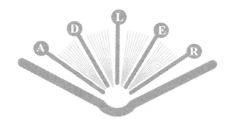

（Alfred Adler）
［奥］**阿尔弗雷德·阿德勒** 著
黄维锋 译

这是有关精神分析领域和阿德勒心理疗法的一本重要书籍。在本书中阿德勒讨论了个体心理学的各种要素及其在日常生活中的应用；探讨了关于自卑感与人格原型、童年、家庭、梦境、教育、人际关系、爱情与婚姻等之间的关系，并认为自卑感是人类一切努力和成就的基础，也是产生一切心理问题的根源；通过深入分析自卑情结和优越情结在人格原型形成过程中的机制，以期帮助人们能消除情结障碍，与自卑感共同成长和发展。阿德勒认为，只要我们能善于利用自卑感，就能培养健全的人格，形成良好的生活方式，活出有意义的人生。

图书在版编目（CIP）数据

阿德勒心理学讲义：生活的科学 /（奥）阿尔弗雷德·阿德勒（Alfred Adler）著；黄维锋译. — 北京：机械工业出版社，2021.10（2025.6重印）

书名原文：The Science of Living

ISBN 978-7-111-69214-0

Ⅰ.①阿… Ⅱ.①阿…②黄… Ⅲ.①心理学—研究 Ⅳ.①B84

中国版本图书馆CIP数据核字（2021）第198210号

机械工业出版社（北京市百万庄大街22号　邮政编码100037）

策划编辑：坚喜斌　　　责任编辑：坚喜斌

责任校对：张　力　　　责任印制：李　昂

北京联兴盛业印刷股份有限公司印刷

2025年6月第1版第4次印刷

145mm×210mm·7.375印张·1插页·107千字

标准书号：ISBN 978-7-111-69214-0

定价：55.00元

电话服务　　　　　　　网络服务

客服电话：010-88361066　　机　工　官　网：www.cmpbook.com

　　　　　010-88379833　　机　工　官　博：weibo.com/cmp1952

　　　　　010-68326294　　金　书　网：www.golden-book.com

封底无防伪标均为盗版　　机工教育服务网：www.cmpedu.com

前 言

关于作者和作品

阿尔弗雷德·阿德勒（Alfred Adler）博士基于心理学方法的科学性和普遍性，在心理方面的研究本质上聚焦于我们独立的人格，因此他的研究又被称为个体心理学（individual psychology）。个体心理学的研究对象是具体的、特定的、独特的人，而且其内容是从我们遇到的人——无论是男人、女人还是孩子身上真正学到的东西。

个体心理学对现代心理学最重要的贡献在于，它解释了心灵的各个侧面是如何聚集起来为个体服务的，以及人所有的能力和努力是如何指向同一个目的的。通过这种方式，我们能够接触到人的理想、困难、努力和挫折，这样我们就可以获得每个人作为一个完整的人的生动画面。在这种协调一致的想法中，我们可以获得某种结果，尽管它只是一个初步的结果。但在此之前，还从未有过如此严谨而又适用的方法，可以跟踪这一最多变、最难以捉摸的现实——人类心灵的变化。

尽管阿德勒认为科学乃至智力本身是人类共同努力的结果，但我们还是会发现他被其过往和同时代的同行们掩盖了的独特贡献。因此，研究阿德勒与精神分析运动的关系是非常有必要的。无论如何，我们都应该先来简单地回顾一下启发精神分析运动的哲学思潮。

整体而言，现代心理学普遍认为无意识（unconscious）是一种重要的记忆——生物记忆。但是，弗洛伊德作为第一个研究歇斯底里症的专家，认为关于性生活的成功或失败的记忆是排在首位的，也是几乎唯一重要的。荣格（Jung）作为一位极有天赋的精神科医生，试图通过揭示超个体（super-individual）或种族记忆（racial memories）来拓宽这一狭隘的观点。他认为，超个体或种族记忆不仅具有与性的记忆同等的能量，而且它们对生命的价值更高。

作为一名经验丰富的医生，阿德勒把无意识的概念与生物学的现实更加牢固地结合起来。基于最初的

前言
关于作者和作品

精神分析受训背景,他用了很多分析记忆的技术,使凝合的情绪状态变得更加清晰和客观。但他也指出,每个人的记忆图式(scheme of memory)都是不同的。个体并不是围绕着同样的核心动机(例如"性")而形成无意识记忆的。在每一个个体中,我们都会发现,个体用一种个性化的方式从所有可能的经验中选择其独特的经验。这种选择方式的原则是什么?阿德勒的回答是,从根本上来说,这是一种跟"需要"(need)有关的个体意识,是一种需要得到补偿的特定自卑。似乎每个心灵对整个身体的现状都是有意识的,而且不眠不休地坚持专注于弥补它的缺陷。

因此,小人物的一生可以被解释为以某种方式获得直接成功的努力过程,一位听力障碍者的一生可以被解释为补偿丧失的听觉的努力过程。当然,事情并非如此简单,因为一个有缺陷的系统可能会产生一系列的"指导思想",而在人类生活中,我们不得不与想象中的自卑与幻想搏斗,但即便是这样,原则都是一样的。

性生活因为不能控制所有活动,而主要受到情绪的支配,这些情绪又是由个人的重要经历塑造的,因而它完全吻合那些重要的努力框架。因此,一个弗洛伊德式的分析虽然真实描述了一个特定生命历程的性发展结果，但它只是这一意义上的真实诊断。

如今，心理学第一次扎根于生物学。心灵的倾向性以及思维的发展，似乎一开始就被弥补生物的缺陷或自卑的努力控制了。一切特殊的事物，或有机生命体都是这样产生的。这一原则是人和动物共通的，也许对植物也一样适用。物种的特殊禀赋被认为是经历了与环境有关的缺陷和不足，并通过行动、生长和构造成功地弥补了这些缺陷和不足而发展出来的。

补偿作为一种生物学原理并没有什么新的含义，因为人们早就知道，身体的某些部分为了补偿其他部分所受的伤害会过度发育。例如：一个肾脏停止工作了，另一个肾脏就会出现特异发展，直到它承担了两个肾脏的工作；如果出现了心脏漏跳，那么整个心脏都会变大，以弥补工作效率；而当神经组织遭到破坏时，邻近的另一种组织就会努力承担起神经功能。众所周知，整个生命体为了满足某种特殊工作或努力的需要而进行的补偿性发展是过度的。但是，阿德勒博士首先将这一原理作为基本概念从身体转移到了心理上，并证明了它在心智发展中所起的作用。

前言
关于作者和作品

阿德勒不仅向医生，而且向普通大众，尤其是教师推荐个体心理学的学习。心理学文化已然变成一种普遍需要，即使在大众反对的情况下也要坚决提倡。大众反对是因为现代心理学对患有精神疾病或承受精神痛苦的个案有一种非常不健康的关注。的确，精神分析的文献揭示了现代社会最核心和最普遍的人性的邪恶。但现在的问题并不是反思我们的错误，而是要从中学到东西。我们一直在努力生活，仿佛人的心灵不是一种现实，仿佛我们可以无视心灵的真相而建立一种文明的生活。阿德勒并不建议人们系统学习精神病理学，而是提倡对社会和文化进行切合实际的改革，使之与积极心理学和科学心理学相一致。他在这方面做出了原创性的贡献。但如果我们太害怕真相，这一倡议是不可能实现的。对人生目标的清晰认识对我们来说是不可缺少的，但如果我们没有对所犯的错误进行更深层次的理解，就无法获得这种认识。我们也许不想了解丑陋的事实，但我们对生活的认识越真实，就越能清晰地认识到使生活受挫的那些真正的错误，就像当光线汇聚到一起时，阴影将变得更加清晰一样。

对人类生活有益的积极心理学，并不能从心理现象中推导出来，更不能从病理表现中推导出来。它还需要一些规定性的原则，而阿德勒并没有回避这种需要。他认识到，这些原则仿佛具有绝对的形而上学的有效性，它是我们在这个世界上共同生活的逻辑。

为了了解这种原则，我们就要继续评估与之相关的个体的心理。一个人的内心生活与公共生活的关系在三种"生活态度"中是可以区分的，这三种态度是他对社会、工作和爱的一般反应。

从他们对整个社会——对任意他人和对所有人——的感情中，男男女女可以知道他们拥有多少社交的勇气。自卑感总是表现为社交中的一种恐惧感或不确定感，无论其外在表现是胆怯的还是蔑视的，是缄默的还是过度焦虑的。不管是与生俱来的怀疑或敌意，还是未知的谨慎或掩饰的欲望，当这些情感在社会关系中影响到个人时，人们通常都表现出同样的逃避现实的倾向，而这种倾向抑制了人们的自我肯定。一种理想的或者正常的对社会的态度是假设人类是平等的，而且这种假设并不是牵强附会的、没有经过深思熟虑的，任何地位上的不平等都不会改变这种假设。社交的勇气取决于这种作为人类大家庭成员的安全感，

前言
关于作者和作品

这种安全感也来自个人生活的和谐。一个人可以通过他对邻居、家乡、国家和其他民族的感情，甚至通过他在报纸上读到所有这些东西时的反应，推断自己的心灵以自身作为根基时有多么安全。

一个人的工作态度跟他在社会中的自我安全感密切相关。一个在职业生涯中获得了物质和特权的男人，也必须符合社会需求的发展逻辑。如果他对弱势的感受或对社会差异的反应太过强烈的话，他就无法相信自己的价值会被认可，他甚至不会为获得这种认可而工作；相反，他会为安全感活着，只为金钱或利益工作，而抑制自己通过提供最可靠的服务带来的价值感。他将永远害怕提供或要求得到最好的东西，因为害怕它们可能会无法实现。或者他可能总是发现自己在经济方面停滞不前，尽管这种生活是他自己喜欢的，但他没有考虑所做的事是否有用或能否赢利。在上述两种情况下，不仅这个社会没有得到最好的服务，他个人也会感到非常不满意，因为他没有获得真正的社会意义感。现代社会充满了世俗意义上的成功和不成功的人，他们处于与自己职业发展的公开冲突中。他们没有职业信仰，还把社会状况和经济形势归咎于公平问题，但事实上，他们往往没有足够的勇气为自己争取最好的经济利益。他们要么害怕主张自己有权获得自己真正相信的东西，要么对于向社会提供那些社会确实需要他们提供的服务感到不屑。所以，他们获取回报的时候常常表现出一种个人主义的，甚至毫不光明磊落的精神和态度。当然，我们也要认识到，社会组织中有很多错误，那些下定决心要提供真正的社会服务的人，除了存在判断错误的可能性之外，还常常要面临强烈的反对。但是，那种竭尽全力的奋斗感正是个人所需要的，也是社会可以受益的。如果一个职业无法提供战胜困难的体验，而仅仅是与困难妥协，那么人们是不可能热爱它的。

第三种生活态度，即对爱的态度，决定了性爱生活的过程。如果前两种对社会和对工作的生活态度都得到了恰当的调整，那么最后一种态度就会自己出现。但如果前两种态度是扭曲的和错误的，那么最后一种态度就不能脱离它们而自我革新。虽然我们可以思考如何改善社会关系和职业生涯，但集中思考个人的性问题几乎肯定会使问题变得更糟。因为性往往不是原因，而是结果。一个在普通的社会生活或职业生涯中

前言
关于作者和作品

受挫的心灵，在性生活中的表现就像是在试图获得它在其他方面没有得到表达的那种补偿。这实际上是我们理解所有性行为的最好方式，无论它们是否会使个体被孤立、使性伴侣被贬低或使本能以任何方式被扭曲。个人的友谊也是整个爱情生活中不可或缺的一部分；正如第一位精神分析学家（弗洛伊德）认为的那样，友谊并非是性吸引的升华形式，它们的关系恰恰相反。性是一种代表反抗的心理因素，性冲动是为了让友谊更加亲密，而同性恋则通常是爱无能的结果。

正如许多优秀的诗人证实的那样，我们赋予感觉的意义和价值也与性爱生活紧密地联系在一起。我们对大自然的感觉，对海洋和陆地之美的反应，对形状、声音和颜色的重视，以及我们面对暴风雨和黑暗的自信，都与我们作为爱人的完整性有关。因此，有美感的生活，以及它对艺术和文化的所有意义，都是人们从社交的勇气和实用性的智慧中获得的。

我们不应该把共同的感觉看作很难产生的东西。它就像利己主义一样，是自然而然、与生俱来的，而且作为一种生活原则，它拥有优先权。我们不必去创造感觉，而只需去释放压抑它的地方。这就是我们所实践的节约生命能量的原则。如果公共汽车司机、铁路工人和送奶工在没有非常本能的同感的情况下也能像现在这样提供服务，那么他们一定会被怀疑具有高度的神经质。坦率地说，压抑感觉的是人类心灵的巨大虚荣心，而且，这种虚荣心是如此微妙，以至于在阿德勒之前没有一个专业的心理学家能够证明它，尽管一些艺术家已经猜到它无处不在。很多小记者或商店售货员都有野心，很多伟大人物的野心就更不用说了，但这些野心足以导致一个"大天使"的堕落。每一种使人与生活的接触变得痛苦的自卑感，都用一种神一般的假设激发出了很大的幻想，直到在很多情况下，这种幻想变得如此膨胀，以至于都不能通过在这个世界上获得至高无上的权力来平息它，而是要创造出一个全新的世界，并让自己成为这个新世界的神。这种对人性深处的揭示已经得到了证实，而且这种证实不是来自那些有实际抱负的案例的研究，而是像拿破仑那样的案例，它们是从消极抵抗、拖延和装病的案例研究中得来的。因为这些案例最清楚地表明了一个无法主宰现实世界的人感受到的痛苦，而且无论对自己有多么不利，他们都拒绝与世界合作。他们这么

前言
关于作者和作品

做,一部分是为了在一个更狭窄的领域内称霸,另一部分则是出于一种非理性的感觉,即如果没有他的神一般的帮助,真实的世界总有一天会崩溃,并缩小到和他感知的世界一样大㊀。

那么问题就来了,当我们知道人类心灵中有这种过度的虚荣心,而且我们也不敢仅仅因为假设自己是神奇的例外而增加这种虚荣心时,我们应该怎么做呢?阿德勒的回答是,我们应该对我们所有的经历保持一种特定的态度,即"一半一半"(half-and-half)的态度。我们对正常行为的理念应该是,允许世界、社会或我们所面对的人,在某种程度上与我们自己是平等的。我们不应该去贬低我们自己或我们的环境。但是,假设每个人都有一半是正确的,我们就应该同等地肯定我们自己和他人。这种态度不仅适用于与其他心灵的相处,也适用于我们对雨天、假期或我们负担不起的舒适感的反应,甚至适用于我们对刚刚错过的公共

㊀ 因为这种说法显得有些夸张,我们不妨回顾这样一个事实,即几乎所有最狭隘的教派,宗教的或世俗的,都相信这个世界性的灾难:他们所离弃的世界,和他们所不能回去的世界,必将毁灭,只剩下有坚定信念的幸存者可以存活。

汽车的反应。

正确理解的话，这既不是对困难的理想化，也不是令人不舒服的谦卑感。这实际上是一种精彩的价值假设，即宣称与其他生物拥有同等的真实性和全能感，不管我们会遇到怎样特殊的情况。如果我们认为自己拥有的真实性和全能感少于其他人所拥有的，那就是一种虚假的谦卑感，因为我们所做的任何接触所产生的结果，实际上有一半取决于我们自己的方式。作为自己的一部分，每个人都应该肯定自己在每件发生在自己身上的事情中所起的作用。

对于职业发展来说，这往往是一个特别难的忠告。因为在事业方面，人们要面对更多赤裸裸的现实，这些现实往往比社会生活中通常允许出现的多很多，而且，我们几乎不可能使一个人的目标与这个无序世界的状况完全一致。如果一致的话，事实上就意味着承认这个世界的真实状况（即它原本的样子）才是这个人真正的问题所在，也是适合这个人的行动范围。劳动分工本身是合乎逻辑的，也是有用的，但它使得狂妄自大的人犯了不平等、不一致和不公正的错误，从而使我们生活在一种经济很难维系的混乱中。在这种

前言
___ 关于作者和作品

疯狂的状态下，最优秀的人也往往很难持续地反思自己，让自己既承认现实，又努力改变现实。通过一些内在的借口，他们要么默认这种混乱，要么致力于表面的补救，却回避了真正的问题。有时，他们认为自己的工作生活不可避免地会被一些本质上肮脏的东西污染，他们完全没有意识到这样的态度会使他们变得自负、傲慢，而且从更深远的意义上来说，这样的态度是不道德的。很少有人想到，正确的方法是使处于同种职业困境中的人结成联盟，赋予他们应有的尊严，把这种联盟作为一种社会服务并加以改进。这是唯一能让个人真正与其经济能力相匹配的方式。那些对工作中普遍存在的情况抱怨最多的人，很多都没有采取任何行动，把工作作为人类生活的一项功能加以重新组织，也从来没有想过要抨击破坏工作的无政府个人主义。我们是从个体心理学中推导出这一点的，作为一项至高无上的命令，每个人的责任是努力工作，以使自己的职业（不管是什么职业）融入一个组织，融入一段友谊，或者融入一个有着强大合作精神的社会团体。如果一个人不想这么做，那么他的心理状态可能是不稳定的。的确，现在在很多行业，完成这样的任务都是非常困难的。更为根本的是，所有的努力应当趋向于某种整合之中。因为一个人的工作永远无法解放他的精神力量，除非他非常努力，从更广泛的意义上来说，这种努力可以表现出他的整个生命能量，而且，他不仅要把职业生涯看成一个行政单位，从中他可以有自己的独立行动，而且要把职业生涯看成一个立法单位，他在其中可以对自己的方向有一些主导权。在一个人的职业生活中，一半的价值在于承认现实，还有一半的价值在于同现实做斗争，而实现这种斗争的唯一现实的方法必然是与人合作。

个体心理学的教学原则就其本身而言是正确的，但如果没有社会组织的实际工作，这些原则就是无用的。上文提到，个人在职业生涯中的责任在很大程度上也适用于他的整个社会功能。一个人的社会功能包括他对国家和人类活动的积极参与，也包括对家庭活动的积极参与。有一种议会是不休假的，它的决议所有成员都要遵从。你会在学校、市场、海洋和陆地上的每一个地方遇见它，因为它是人类的议会（the parliament of man），其中交换的每一个词语或眼神，不管是礼貌的还是相互指责的，不管是智慧的还是愚

前言
___
关于作者和作品

蠢的，在人类事务中都有一定的重要性。每个人都有兴趣让这个广泛的大会更加团结，讨论更加容易理解，因为除了通过它的反馈，我们谁也无法获得真正的人类存在感。当这种大会和平举行时，我们所有人的生活质量都将得到提高，健康和财富都会有所增加，艺术和教育都会蓬勃发展；但如果这种交谈是有所保留的和可疑的，我们将会面临工作上的失败，人类将会挨饿，孩子将会失去活力。在激烈的纷争中，我们数以百万计地死去。它的一切法令，不管是影响我们的生死还是成长或衰败，都植根于我们在生命的每段关系中对男人、女人和儿童的个人态度。

当我们客观地面对所有心灵关系和相互责任时，我们应该如何看待神经症患者内在的混乱呢？这种混乱往往是由简单地缩小兴趣范围，或者过度集中于某些个人兴趣带来的。神经症是这样一种原因造成的——即认为其他人的生命和目标都不如自己的重要，因此失去了对任何其他生命的兴趣。矛盾的是，一个神经症患者常常有一个拯救自己和他人的宏大计划。他足够聪明，可以用夸大的幻想和慈悲的行为来弥补他在人类集会中真正感受到的孤独感和无力感。他可能想要改革教育、消灭战争、建立兄弟情谊，或者创造一种新的文化，甚至计划加入有这些目标的社会组织。当然，他在这类目标中都失败了，因为他与他人甚至整个生活的接触都是不现实的。就好像他在生活之外采取了一种立场，并试图用某种无法解释的魔法来指导生活。

特别是伴随理智主义的现代城市生活，为神经症患者提供了无限空间，让他用想象中的救世主补偿自己实际上的不合群，结果却造成满是救世主却互不搭理的一群人的解体。

当然，我们需要的是完全不同的东西。并不是说个人应该放弃救世主的信念，事实上，对整个种族的未来负有一份责任的人是他自己。只是他有必要合理地看待自己拯救社会的力量，并从他自己的立场正确地看待以下事实：他需要对自己的人际关系和职业生涯给予应有的重视，把它们看作一个人唯一具有的普通意义，而且事实上也确实如此。如果一个人的人际关系或职业生涯是混乱的或错误的，那么原因就是他没有在日常经验中把它们视作具有普通意义的事物。毫无疑问，我们有时认为它们是重要的，但仅仅在个

前言
关于作者和作品

人感受层面上如此。

现代心灵的这种缩小兴趣范围的倾向,无论在实践上还是在理想上,都是很难抑制的,因为它被一种统觉图式(scheme of apperception)强化了。出于这个原因,除了极少数情况外,个人是无法做到这一点的。他需要以一种全新的方式与他人对话。把周围环境和日常活动看作生活的最大意义的想法,会使一个人立即与他自己的内部阻抗和外部困难发生冲突。他通常不能马上理解这种冲突,其他人也不能准确估计,除非他们在做同一个实验。因此,个体心理学的实践要求学生们相互监督,每个人都要作为一个整体被其他人评价。这种做法很难被提倡,因为它打击了虚假的个人主义的根源。这种根源也是所有神经症的基础。然而,它是否会成功取决于整个精神分析的未来,这种未来是通过精神分析在诊所和咨询室之外对生活产生普遍的影响所带来的。

在维也纳,一些团体工作已经在教育方面取得了成效。它在教师和医生之间建立的合作机制彻底改变了某些学校的工作,建立了教师和学生之间、学生和学生之间的平等,治好了很多有犯罪倾向的、迟钝的和懒惰的孩子。减少竞争和培养勇气可以同时释放学生和教师的能量。这些变化已经影响到了周围人的家庭生活,并立刻引发了一个疑问,即如何从心理上理解孩子。教育虽然肯定是第一个领域,但不应该是这些团体活动进入的唯一领域。尤其是商业圈和政治圈,经历着现代生活最严重的困局,因此需要通过对人性的了解来激发活力,而他们几乎已经忘记了如何认识人性。

正是因为这项为日常生活释放新能量的工作,以及它的变革,阿尔弗雷德·阿德勒创立了国际个体心理学会(International Society for Individual Psychology)。这项工作传播的人类行为文化,可能会被误认为是最陈腐的道德,但它的实际结果和背后的科学方法却已经开始出现了。阿德勒对个体问题社会本质的现实把握,以及他对健康和行为和谐统一的坚定不移的论证,比任何人都更像伟大的中国思想家。如果西方世界没有过度利用他的成果,他很可能会被称为西方的孔子。

菲力浦·梅雷(Phillipe Mairet)

目录

前言　关于作者和作品

第一章　生活的科学　　　　　　　　　　... 001

只有勇敢、自信、精通世事的人，才能同时从生活的困境和好处中获益。他们从不害怕。他们知道会有困难，但他们也知道他们能克服这些困难。

第二章　自卑情结　　　　　　　　　　... 023

我们的任务就是要让这类人远离优柔寡断。正确对待这种人的方式是鼓励他们，而不是使他们气馁。我们必须使他们明白，他们有能力面对困难，并解决生活中的问题。

第三章　优越情结　　　　　　　　　　... 042

每个人都有自卑感，但自卑感并不是一种疾病，而是一种促进健康、正常奋斗和发展的刺激物。

第四章　生活方式　...061

树的生活方式就是树在环境中个性化地表现自己、塑造自己的方式。人类也是如此。

第五章　早期记忆　...078

在大多数情况下，生活方式并不会发生改变。同一个人总是具有相同的人格，相同的整体性。生活方式是通过追求特定的优越目标而建立起来的。

第六章　态度与行动　...095

如果一个人是勇敢的，即便遭受失败，他也不会那么受伤，但对一个羞怯的人而言，当他看到前面的困难时，就会逃避到生活中无用的一面。

第七章　梦与梦的解析　...112

梦是一座桥梁，连接着做梦的人面临的问题和他想要实现的目标。

第八章　问题儿童及其教育　...129

教育，无论是在家里还是在学校进行的，都是一种旨在培养和指导个人人格的尝试。

第九章　社会问题和社会适应　...152

社会问题涉及我们对他人的行为，我们对人类和人类未来的态度。

第十章　社会情感、常识和自卑情结 ... 167

> 正是由于缺乏勇气，个体才没有走上社会道路。与缺乏勇气同时出现的是由失败带来的智慧，这种智慧有助于理解人类社会历程的必然性和有效性。

第十一章　爱情与婚姻 ... 181

> 爱本身并不能解决问题，因为有各种各样的爱。只有在平等的基础上，爱情才会沿着正确的方向发展，并使婚姻成功。

第十二章　性与性的相关问题 ... 197

> 对性本能的过度放纵实际上与对其他欲望的过度放纵相似。现在，当任何欲望被过度放纵，任何兴趣被过度发展时，生活的和谐就会受到干扰。

第十三章　结论 ... 210

> 一方面，自卑是一个人努力和成功的基础。另一方面，自卑感是我们所有心理适应不良问题的基础。

第一章 生活的科学

　　只有勇敢、自信、精通世事的人，才能同时从生活的困境和好处中获益。他们从不害怕。他们知道会有困难，但他们也知道他们能克服这些困难。

伟大的哲学家威廉·詹姆斯（William James）说过，只有与生活直接相关的科学才是真正的科学。也可以说，在一门与生活息息相关的科学中，理论和实践几乎是分不开的。**生活的科学，正因为它直接对生命活动建模，才成为生活的科学**。这些分析特别适用于个体心理学。个体心理学试图把个人的生活看成一个整体，把每一个反应、每一个运动和冲动看作是个人生活态度的重要组成部分。这种科学在实践意义上是必要的，因为有了知识的帮助，我们才能调整和改变态度。因此，个体心理学具有双重预言性：它不仅可以预测将要发生的事情，还能像先知约拿（Jonah）一样，它预测将要发生的事情是为了不让它发生。

第一章
生活的科学

个体心理学的理论发展源于对生命惊人的创造力量的理解——这种力量表现在渴望发展、渴望奋斗、渴望成功,甚至通过在一个方向上争取成功来弥补另一个方向上的失败。这种力量是有目的的——它在努力追求一个目标的过程中,使每一个身体和心灵的运动都相互配合。因此,抽象地研究身体运动和精神状态,而不把它们关联到整个人身上的做法是荒谬的。例如,在犯罪心理学中,如果我们把大量的关注放在犯罪事实上,而不是放在罪犯身上,将是很荒谬的。最重要的是罪犯,而不是犯罪事实。无论我们如何思考犯罪行为,我们永远都不会理解它,除非我们把它看作一个特定的人的生活中的一个特定的经历。同样的行为,可能在一种情况下是犯罪的,而在另一种情况下并不是犯罪的。重要的是理解个体的背景,个体生活的目标,因为它们指示着这个人所有行为和运动的方向。这个目标使我们能够理解隐藏在各种独立行为——我们视为整体的一部分——背后的意义。反之亦然,当我们研究部分时——如果我们把它们作为整体的一部分来研究的话——我们就能更好地理解整体。

作者本人对心理学研究的兴趣是由对医学的实践发展而来的。医学实践提供了逻辑的，或有目的的观点，而这对于理解心理真相是非常必要的。在医学上，我们看到所有器官都朝着明确的目标努力生长，它们在成熟时有确定的形状。此外，在器官有缺陷的情况下，我们发现大自然总会通过特殊的努力来克服这种缺陷，或者通过发展另一个器官的功能，取代有缺陷的器官，从而进行补偿。生命总是在寻求延续，生命力从来不会不经过斗争就屈服于外在的障碍。

心灵的运动有点类似于有机体的运动。**每个人的头脑中都有一个超越目前状态的目标或理想，即通过克服目前的缺陷和困难，为未来设定一个具体的目标。**通过这个具体的目标，个体可以思考并感受自己超越目前困难的样子，因为他的脑海中已经拥有了未来成功的画面。**如果没有目标，个体的活动就不再有任何意义。**所有的证据都指向这样一个事实，即确立这一目标，并赋予这个目标具体的形式，而且这种目标的确立必须出现在生命的早期阶段，即童年形成期。一种成熟人格的原型或模型，从这个时期开始发展。我

第一章
生活的科学

们可以想象这个过程是如何发生的：一个虚弱的孩子，他感到很自卑，并发现自己处于一种无法独自承受的处境之下。因此，他努力发展，努力沿着由他为自己选择的目标所确定的方向发展。在这个阶段，相比于确定路线方向的目标而言，用于成长的物质条件反而没有那么重要。很难说这个目标是如何确定的，但很明显，这样的目标是存在的，而且它主导了孩子的每个行为。在这个早期阶段，人们对力量、冲动、动机、能力或缺陷所知甚少。到目前为止，还没有找到真正的重点，因为只有在孩子确定了自己的目标后，方向才会确定下来。**只有当我们看到生命的走向，我们才能猜到未来需要采取什么行动。**

当体现目标的早期人格原型（prototype）形成时，确定方向的路线就被确立了，个体也就有了明确的方向。正是这个事实，使我们能够预测，在以后的生活中会发生什么。从那时起，个体的统觉（apperception）就注定要落入既定的方向。孩子并不会按照实际存在什么来理解现有情况，而是根据个人的统觉图式，也就是说，他会根据自己的兴趣，有偏见地感知现状。

在这样的联系中，人们发现了一个有趣的情况，即有器官缺陷的儿童会把他们所有的经历与缺陷器官的功能联系起来。例如，一个有胃病的孩子，会对饮食表现出不同寻常的兴趣，而一个有视力缺陷的孩子，会对看得见的东西有更多的关注。这种专注是符合个人的统觉图式的，正如我们之前所说，这也是所有人的特点。因此，有人可能会认为，为了找出孩子的兴趣所在，我们只需要确定哪个器官有缺陷就好了。但事情并没有那么简单。儿童并不会像观察者所看到的那样体验到器官的缺陷，因为这些缺陷会被其自身的统觉图式所修正。因此，虽然器官的缺陷被认为是儿童统觉图式中的一个因素，但对缺陷的外在观察并不一定能提示统觉图式的线索。

孩子沉浸在一种相对性之中，在这方面他们确实和我们其他人都一样——我们谁都没有运气知道绝对真理。即使我们的科学也不是绝对真理。科学是基于常识的，也就是说，它是不断变化的，它符合逐渐用小错误替代大错误的规律。我们都会犯错误，但重要

第一章
生活的科学

的是,我们可以改正错误。在人格原型形成的过程中,这样的修正是比较容易的。如果我们当时不改正,我们之后可能通过回忆那时的整个情形来改正错误。因此,如果我们面对的任务是治疗一个神经症患者,我们的问题是要发现,在他生命早年人格原型形成过程中犯的根本性错误,而不是他在晚年犯的一般性错误。如果我们发现了这些错误,就有可能通过适当的治疗加以修正。

因此,从个体心理学的角度来看,遗传问题的重要性降低了。**重要的不是一个人遗传了什么,而是他在生命最初的几年,用他的遗传做了什么**——也就是说,在童年环境中建立起来的人格原型是什么。遗传当然要为一些源自遗传的器官缺陷负责,但我们的问题通常可以简化为减轻特定的困难,并将孩子置于有利的环境中。事实上,我们在这方面甚至有很大的优势,因为当我们看到缺陷时,我们就知道如何采取相应的行动。通常情况下,一个没有任何遗传缺陷的健康儿童可能会因为营养不良或任何教养上的错误而有更糟的经历。

对于出生时器官有缺陷的孩子来说，心理状况是最重要的。因为这些孩子的处境更加困难，他们明显地表现出一种夸大的自卑感。在人格原型形成的时候，他们已经对自己比对别人更感兴趣了，并且他们在以后的生活中还会继续这样。器官缺陷并不是导致人格原型出现错误的唯一原因：其他情况也可能导致同样的错误——例如，纵容孩子和厌恶孩子。稍后，我们将会更详细地描述这些情况，并通过实际案例来说明三种特别不利的情况：器官不健全的儿童、被溺爱的儿童和被厌恶的儿童。目前我们可以明显注意到，这些孩子在长大的过程中是有缺陷的，他们一直害怕受到攻击，正如他们在一个从未让他们学会独立的环境中长大。

我们有必要从一开始就了解社会兴趣（social interest），因为它是我们教育和治疗中最重要的一部分。只有勇敢、自信、精通世事的人，才能同时从生活的困境和好处中获益。他们从不害怕。他们知道会有困难，但他们也知道他们能克服这些困难。他们准备好应对生活中的一切问题，而这些问题通常而言总

第一章
生活的科学

是社会问题。从人类的角度来看,有必要为社会行为做好准备。我们前面提到的三种类型的儿童,他们形成的人格原型中的社会兴趣程度较低。他们没有有助于完成生活中必需的事情,或解决生活中的困难的心理态度。因为感受到挫败,这种人格原型对生活问题的态度就是错误的,他们倾向于在生活中无用的一面发展自己的个性。而我们治疗这类患者的任务,是发展其有用的一面的行为,并使其建立对生活和社会的有益态度。

缺乏社会兴趣的人会被引向生活无用的一面。那些缺乏社会兴趣的人组成了问题儿童、罪犯、精神病患者和酗酒者群体。我们的任务是基于他们的情况,找到方法让他们回到有用的生活中,并让他们对别人感兴趣。这样说来,我们所说的个体心理学实际上是一种社会心理学。

找到社会兴趣之后,我们的下一个任务是找出个体在发展中所面临的困难。乍一看,这个任务有些令人困惑,但实际上它并不是很复杂。我们知道,每一个被溺爱的孩子都会变成一个被讨厌的孩子。我们的文化就是这样，无论是社会还是家庭都不希望无限期地持续这种纵容。一个娇生惯养的孩子很快就会面临生活中的问题。在学校里，他发现自己处在一个新的社会规则中，并且面临着新的社会问题。他不想和同伴一起写作或玩耍，因为他的经验还没有让他为学校的集体生活做好准备。事实上，他在人格原型形成阶段的经历使他害怕这种情境，并使他寻求更多的溺爱。一个人拥有的这些特征是不会遗传的，非但不会遗传，我们还可以从他的人格原型和生活目标中推断出这些特征。因为他身上具有有助于朝着他的目标方向前进的一些特质，因而他不可能同时具有朝向其他方向发展的一些特质。

生活的科学的下一步是研究情感（feelings）。由目标所决定的方向，不仅影响一个人的性格特征、身体运动、面部表情和普遍的外部特征，它也支配着人的情感生活。**人们总是试图用情感来证明自己的态度，这是一件很有意思的事**。因此，如果一个人想要做好工作，我们会发现，这种观念会被放大，并主宰了他的整个情感生活。我们可以得出这样的结论：**人的情**

第一章
生活的科学

感总是与他对某项任务的观点相一致，而且这些情感增强了个人对这项活动的兴趣。即便没有情感，我们也会做我们想做的事，情感只是我们行为的伴随物。

我们可以在梦中清楚地看到这个事实，发现梦的意图也许是个体心理学的最新成就之一。每个梦当然都有一个意图，尽管直到现在人们才明白这一点。梦的意图——笼统地说来——是为了创造某种感觉或情绪的运动，而这些情绪的运动反过来又促进了梦的运动。这是对"梦总是一种欺骗"这一古老观念的有趣注解。**我们以我们想要的行为方式来做梦。梦是一种情感上的排练，它的排练对象是我们清醒时的那些行为的计划和态度。**然而，这些排练的内容可能永远不会在现实生活中真正上演。从这个意义上来说，梦是具有欺骗性的——情感的想象给了我们行动的刺激——尽管没有真正地行动。

梦的这种特征在我们清醒的生活中也存在。我们总是有一种强烈的在情感上欺骗自己的倾向——我们总是想说服自己，按照自己四五岁时所形成的人格原型来行动。

个体心理学的下一个研究领域是对人格原型的分析。就像我们说的，人在四五岁的时候，人格原型就已经建立起来了，所以我们必须寻找孩子在那之前或那个时候留下的印象。这些印象可以非常多样，远比我们从一个正常成年人的角度可以想象的多得多。对孩子的想法，最常见的影响之一是由父亲或母亲的过度惩罚或虐待带来的压抑感。这种影响使儿童寻求发泄，有时表现为一种心理上的排斥。因此，我们发现，一些有着暴脾气的父亲的女孩的人格原型是排斥男性的，因为男性脾气暴躁。或者，被严厉的母亲压制的男孩，可能会排斥女性。这种排斥态度当然可以有不同的表达方式：比如，孩子可能会变得很害羞，或者，他可能发展出异常的性取向（这是另一种排斥女性的方式）。这种变化不是遗传的，而是由这些年来孩子所处的环境引起的。

孩子早期所犯的错误是要付出代价的。尽管如此，孩子们得到的指导也很少。父母不知道或不愿意向孩子坦白是他们的言行为孩子带来了今天的结果，因此孩子必须走自己的路。

第一章
生活的科学

奇怪的是，我们会发现没有两个孩子在相同的环境中长大，即使他们出生在同一个家庭。甚至在同一个家庭内，围绕在每个孩子身上的氛围都是相当独特的。因此，众所周知，第一个孩子的成长环境会与其他孩子的截然不同。第一个孩子最初是唯一的，因而也是关注的焦点。一旦第二个孩子出生，他会发现自己的地位变了，但他并不喜欢这种变化。事实上，令人悲伤的是，他曾经拥有权力，现在却不再掌权了。这种悲剧感在他的人格原型中逐渐形成，并在他的大人特征中显露出来。事实上，个案记录表明，这样的孩子总是会走下坡路。

另一个对家庭内部环境差异的发现是，男孩和女孩会得到不同的对待。通常情况下，男孩被高估了，而女孩则被看作什么也做不成。这些女孩在成长过程中会一直犹豫和怀疑自己。在她们的一生中，她们犹豫太多，因而总是给人留下这样的印象：只有男人才能真正完成任何事情。

第二个孩子所处的位置也很有特色和个性。他和老大的处境完全不同，对于他来说，生活中总是有一个领跑者，与他平行前进。如果寻找原因，我们会发现，通常是老大对有这样一个竞争对手感到烦恼，这种烦恼最终影响了他在家庭中的地位。老大被竞争吓坏了，因而表现不太好。父母开始欣赏老二，老大在父母心中的地位变得越来越低。而老二总是面对着领跑者，因此他总是在赛跑。他的所有特点都反映了他在家庭中的这个特殊地位。他表现出叛逆，不认可权力或权威。

历史和传说讲述了很多强大的老幺的故事，约瑟就是一个很好的例子。他想胜过所有人。即便他离开家多年，并不知道弟弟的出生，这一事实显然也没有改变他的这个特征。他的地位是属于最小的孩子的。我们在所有童话故事中都发现了类似的描述，故事中最小的孩子是主角。实际上我们可以看到这些特征是如何产生于儿童早期，而且是无法改变的，除非个人的洞察力增强。**为了重塑一个孩子，你必须让他了解在他的童年发生了什么。**必须让他明白，他的人格原型正在错误地影响他生活中的所有情况。

一个对于理解人格原型、进而洞察个体本质的很

第一章
生活的科学

有价值的工具就是对早期记忆（old remembrances）的研究。我们所有的知识和观察使我们得出这样的结论：我们的记忆从属于人格原型。为了使这个观点更容易理解，我来举个例子。假设有一个孩子的人格原型是，他的器官有缺陷，还有一个虚弱的胃。如果他记得自己看到过，或听到过什么，那他看或听的内容很可能在某种程度上与食物有关。或者以一个左撇子的小孩为例，他的左撇子的一些习惯同样会影响他的观点。一个人可能会告诉你他的母亲如何纵容他，或者告诉你家里弟弟妹妹的出生。他也可能会告诉你，他是如何挨打的，如果他的父亲脾气暴躁；或者如果他在学校是一个被讨厌的孩子，他是如何被攻击的。所有这些迹象都是非常有价值的，它提供给我们读懂他们人生意义的艺术。

理解早期记忆的艺术需要一种非常强烈的同情心，一种将自己与处于童年处境的孩子联系在一起的能力。只有通过这种同情的力量，我们才能理解家庭中更小孩子的到来对一个孩子而言的重要意义，或一个脾气暴躁的父亲的虐待在一个孩子的脑海中留下的印象。

在这个问题上，我们知道过分强调惩罚、劝诫和说教不会带来任何收获。如果无论是孩子还是大人都不知道该在哪一点上做出改变，那就没有什么成果。当孩子不懂的时候，他就变得狡猾和懦弱。这样一来，通过惩罚和说教，他的人格原型并不能得到改变。它不能仅仅通过生活经验而得到改变，因为他的生活经验早已与他个人的统觉图式一致了。**只有当我们获得基本的人格时，我们才能完成改变。**

如果我们观察一个有发育不良的孩子的家庭，我们会发现，尽管他们看起来似乎都很聪明（这意味着，如果你问一个问题，他们会给出正确的答案），但当我们看向一些症状和表达时，他们往往有一种强烈的自卑感。当然，智慧不一定是常识。孩子们有一种完全个人化的——我们可以称之为，一种私人化的——精神态度，就像人们在神经症患者身上发现的那样。例如，在强迫性神经症中，患者也知道总是数窗户是徒劳的，但他停不下来。一个对有用的东西感兴趣的人永远不会这样做。私人化的理解方式和语言也是精神失常者的特征。**他们从不用常识性的语言说话，而这**

第一章
生活的科学

样的语言恰恰代表了对社会的高度兴趣。

如果我们把常识判断和个人见解进行对比，我们会发现，常识判断通常是更接近正确的。根据常识，我们可以区分好与坏，而在一个复杂的情况下，我们通常会犯错误，错误往往会通过常识的运作而自我修正。但那些总是寻求自己的个人利益的人，不像其他人一样容易区分对错。事实上，他们反而暴露了自己的无能，因为他们所有的行动对观察者来说都是透明的。

以犯罪为例。如果我们考察一个罪犯的智力、理解力和犯罪动机，我们就会发现，罪犯总是把他的罪行看成是聪明的和英勇的。他相信自己达到了一个卓越的目标，即他变得比警察更聪明，能够战胜别人。因此，在他自己的心目中，他是一个英雄，而没有看到他的行动表明了一些完全不同的东西，一些离英雄非常远的东西。他缺乏社会兴趣，这让他的活动聚焦在生活的无用面上，这与缺乏勇气和懦弱有关，但他自己并不知道这一点。那些面向生活无用面的人往往害怕黑暗和孤独，他们希望和别人在一起。这就是懦弱，应该被贴上懦弱的标签。事实上，**阻止犯罪的最好方法是让每个人相信犯罪只不过是懦弱的表现。**

众所周知，一些罪犯在接近三十岁时会找工作，结婚，并在以后的生活中成为好公民。他们身上发生了什么？让我们以小偷为例。一个三十岁的小偷怎么能和一个二十岁的小偷竞争？后者更聪明，更强大。此外，在三十岁的时候，罪犯被迫过上与以前不同的生活。靠犯罪这个职业已不再能获得报酬，而且他发现转行是很方便的。

与罪犯有关的另一个需要记住的事实是，如果我们增加惩罚，非但不会吓到这个罪犯，反倒助长了他认为自己是一个英雄的信念。我们不能忘记，罪犯生活在一个以自我为中心的世界里，在这个世界里，人们永远找不到真正的勇气、自信、公共意识或对共同价值的理解。让这样的人融入社会是不可能的。神经症患者很少成立俱乐部，对于那些患有广场恐惧症的人或精神失常的人来说，这更是一个不可能的举动。有问题的孩子，或试图自杀的人永远不会交朋友——这是一个从未给出原因的事实。然而，可能是这个原

第一章
生活的科学

因：他们从不交朋友，因为他们早年的生活是以自我为中心的。他们的人格原型指向错误的目标，并指向生活中无用的方面。

现在让我们考虑个体心理学为神经症患者提供的教育和训练项目，这个群体包括问题儿童、罪犯、酗酒者和希望通过这种方式逃避消极生活的人。

为了方便快速地找出问题所在，我们首先要询问患者，问题是什么时候产生的。通常我们都会认为问题是由一些新情况引发的。但这是错误的，因为我们调查之后发现，在这种情况实际发生之前，我们的患者并没有做好充分的准备。只要他处于有利的环境中，他的人格原型错误就不太明显，因为每一种新情况都具有实验的性质，他会根据他的人格原型所创造的统觉图式做出反应。他的反应不仅仅是回应行动，它们是有创造性的，是与其目标相一致的，而这种目标支配了他的一生。早期的个体心理学研究经验告诉我们，我们可能排除了遗传的重要性，以及某个孤立部分的重要性。我们看到，人格原型根据它自己的统觉图式来产生经验。而为了获得结果，我们必须对这一统觉图式进行研究。

本书总结了在过去二十五年里发展起来的个体心理学的研究方法。正如人们所看到的，个体心理学已经在一个新的方向上走了很长的路，也出现了很多心理学家和精神病学家。一个心理学家选择一个方向，另一个心理学家选择另一个方向，没有人相信其他人是正确的。也许读者也不应该依赖于某个信仰或信念，要让他自己去比较，他将看到我们不同意所谓的"驱力"（drive）心理学（美国的威廉·麦克道格尔是典型代表），因为在"驱力"中，遗传倾向占据了很大的部分。同样的，我们也不同意行为主义的"条件反射"（conditioning and reactions）。以"驱力"和"反射"来建构一个人的命运和性格是无用的，除非我们知道这些行动所指向的目标。但这两种心理学都不考虑个人目标。

确实，当"目标"这个词被提到，读者可能只有一个模糊的印象。这个概念需要具体化。归根结底，个体要有一个目标就是渴望像上帝一样。但是像上帝那样当然是终极目标——目标中的目标，如果我们可

第一章
生活的科学

以用这个词的话。**教育者需要谨慎自己像上帝一样教育自己和孩子**。事实上,我们发现孩子在自己的发展中有一个更具体、更直接的目标。他们在自己的环境中寻找最强的人,并把这个人作为自己的榜样或目标。这个人可能是父亲,也可能是母亲。我们发现,如果母亲看起来是最强大的人,即使是男孩,也会受到影响去模仿她。如果他们相信教练是最强的人,之后他们可能也会想成为教练。

当孩子第一次设想这样一个目标时,他们的行为、感觉和穿着都会很像那个教练,并呈现出与这个目标一致的所有特征。但如果让他们看到警察尽一下"举手之劳",教练可能就什么都不是了……之后他的理想可能会变成医生或老师。因为老师可以惩罚孩子,从而唤起孩子对一个强者的尊重。孩子在选择目标的过程中会有选择的具体符号,我们发现,他选择的目标实际上是他的社会兴趣的一个缩影。

有一个男孩,当人们问他以后想做什么,他说:"我想做一个刽子手。"这就是缺乏社会兴趣的表现。这个男孩希望成为生与死的主宰,这是一个属于上帝的角色。他希望自己比社会更有力量，因此他走向了无用的生活。成为一名医生的目标也是围绕着成为主宰生死的神一样的愿望而形成的，但在这里，这个目标是通过提供社会服务来实现的。

第二章 自卑情结

我们的任务就是要让这类人远离优柔寡断。正确对待这种人的方式是鼓励他们,而不是使他们气馁。我们必须使他们明白,他们有能力面对困难,并解决生活中的问题。

在个体心理学的实践中，使用"意识"（consciousness）和"无意识"（unconsciousness）这两个术语来描述一些特殊的因素是不那么正确的。意识和无意识通常是往同一个方向运动，而不是像人们经常认为的那样是相互矛盾的。更重要的是，这两者之间没有明确的分界线。这仅仅是一个发现它们联合运动的目的问题。在获得整体联系之前，我们不可能决定什么是有意识的，什么是无意识的。这种联系在人格原型中得到了揭示，我们在上一章中已经分析过这种生活方式。

有一个历史案例将有助于说明有意识和无意识生活之间的紧密联系。一个四十岁的已婚男人，深陷于焦虑之中——他产生了跳窗的欲望。他一直在与这种

第二章
自卑情结

愿望做斗争，但除此之外，他一切都很好。他有朋友、有很好的地位，他和妻子快乐地生活着。除非用意识和无意识合谋来理解，否则他的例子是无法解释的。在意识层面，他有一种感受是必须跳出窗户。尽管如此，他还是活了下来，事实上，他甚至从未真的尝试跳出窗户。这样做的原因是，他的生活还有另外一面，在这一面中，与自杀愿望的斗争发挥了重要作用。由于意识与无意识的合作，他最终取得了胜利。事实上，在他的"生活方式"（style of life）中——这个术语我们将在以后的章节中有更多说明——他是一个已经达到了优越目标的征服者。读者可能会问，当这个人有自杀倾向时，他怎么会感到优越呢？答案是，他的生活中有某种东西在与他的自杀倾向做斗争。正是他在这场战斗中的成功，使他成为征服者和优越者。客观上讲，他为优越感而进行的斗争，正是由他自身的弱点所带来的，这在那些以这样或那样的方式感到自卑的人的身上是很常见的。但重要的是，在他个人的战斗中，他对优越感的追求，对生存和征服的追求，超越了他的自卑感和对死亡的渴望，尽管后者常常出现在他的意识生活中，而前者则常常出现在他的无意识中。

让我们看看这个人的人格原型的发展是否证实了我们的理论。让我们来分析一下他童年的回忆。我们发现，在很小的时候，他在学校的生活存在困难。他不喜欢其他男孩，想要逃离他们。尽管如此，他还是集中了所有的力量来面对他们。换句话说，我们已经可以觉察到，他在努力克服自己的弱点。他正视了自己的问题并战胜了它。

如果我们分析这个男子的性格，我们会发现，他生活的唯一目标就是克服恐惧和焦虑。在这个目标下，他有意识的思想和无意识的思想相互作用，形成了一个整体。现在，一个不把这个男子看成一个整体的人可能会认为他并不优越，也没有成功。他可能会认为，其只是一个野心勃勃的人，一个想奋斗和斗争的人，但实际上却是一个懦夫。但是，这种看法是错误的，因为他没有考虑到这个个案的全部事实，并根据人的生命统一性来解释这些事实。**如果我们不相信人是一个统一的生命体，那么我们整个心理学对个体全部的**

第二章
自卑情结

理解或努力都将是徒劳的和无用的。如果我们假定意识和无意识互不相关,就不可能把生命看作一个完整的实体。

除了把个人生活看作一个整体之外,我们还必须把它与它的社会关系背景结合起来。刚出生的孩子很虚弱,他们的虚弱使得其他人需要照顾他们。现在,如果无视这个孩子得到了谁的照顾、又是谁弥补了他的自卑,那么他的生活风格或方式就不能被理解。孩子与母亲和家庭之间有着连锁关系,如果我们把分析局限在孩子的物理空间范畴,那么我们将永远无法真的理解他。**孩子的个性不仅包含他的生理个性,也包含了整个社会关系的内容。**

在某种程度上,适用于孩子的,也适用于全人类。孩子在家庭生活中的弱点,与人类在社会生活中的弱点是平行的。在某些情况下,所有人都会感到自卑。他们感到被生活的困难压倒了,无法独自面对这些困难。因此,**人类最强烈的倾向之一就是形成群体,这样他就能作为社会的一员,而不是一个孤立的个人活着。**这种社交生活,无疑在克服他的不足感和自卑感方面给了他很大的帮助。我们知道，动物的情况就是这样的，较弱的物种总是以群体的方式生活，以便它们联合起来的力量能够帮助满足它们的个人需求。因此，一群水牛可以保护自己抵御狼的袭击。而单独一头水牛则会觉得这是不可能的。当它们成群时，它们会把头凑在一起，用脚来战斗，直到它们得救。另外，大猩猩、狮子和老虎可以独立生活，是因为大自然给了它们自我保护的办法。**人类没有强大的力量，没有爪子，也没有它们的尖牙，所以不能分开生活。**由此我们发现，**社会生活始于个体的弱点。**

正因为如此，我们不能指望社会中所有人的能力都是平等的。但一个经过适当调整的社会，在支持那些组成社会的个人的能力方面不会落后。这一点很重要，否则我们可能会认为，对一个人的评价完全是依据他们的遗传得出的。事实上，如果一个人生活在一个孤立的环境中，他可能会在某些能力上有缺陷，但在一个组织合理的社会中，他可以很好地弥补他的缺陷。

如果我们假设个体的不足是遗传来的，那么，**心**

第二章 自卑情结

理学的目的就是训练人们与他人和睦相处，以减少天生缺陷的影响。社会进步的历史告诉我们，人类是如何合作以克服缺陷和匮乏的。**每个人都知道语言是一种社会性的发明，但很少有人意识到，个人的缺陷才是发明之母**。这个道理在儿童的早期行为中得到了证实。当他们的欲望得不到满足时，他们就会想要获得关注，于是他们就试图通过某种语言来达到这一目的。但如果一个孩子不需要引起别人的注意，他就不会尝试说话。这是生命最初几个月的情况，在孩子说话之前，母亲提供了孩子想要的一切。有些记录在案的儿童，直到六岁才说话，因为他们从不需要这样做。同样的情况也出现在一个特殊个案的身上——他的父母又聋又哑。当他摔倒，伤到了自己，他哭了，但他哭得很安静。他知道声音大是没有用的，因为他的父母听不见他的声音。因此，为了引起父母的注意，他就装出哭闹的样子，但这种哭闹是无声的。

因此我们看到，我们必须始终着眼于我们所研究的事实的整个社会背景。我们必须观察社会环境，才能理解个人选择的特殊"优越目标"。为了理解这种特殊的不适应性，我们也必须观察社会形势。许多人在社会适应方面有障碍，因为他们发现不可能通过语言与他人进行正常接触。口吃者就是一个很好的例子。如果我们检查一下这个口吃者，我们就会发现，他从生命一开始就没有很好地适应过社交生活。他不想参加活动，他也不需要朋友和伙伴。他的语言发展需要与他人交往，但他不想交往，所以他还是结结巴巴地说下去。口吃者确实有两种心理倾向，一种是与他人交往，另一种是使他们寻求自我孤立。

在生命的后续发展中，我们发现，那些没有社交生活的成年人，不仅不会在公共场合讲话，而且有怯场的倾向。这是因为他们将观众视为敌人。当面对看似充满敌意和霸道的观众时，他们会产生一种自卑感。事实是，只有当一个人相信他自己和他的观众，他才能说得好，也只有这样，他才不会怯场。

因此，自卑感和社交训练问题是密切相关的。**正如自卑感源于社会适应不良，社交训练则是我们克服自卑感的基本方法。**

第二章
自卑情结

社交训练和常识之间有直接的联系。当我们说人们用常识来解决他们的困难时，我们想到的是社会群体的集体智慧。而正如我们在上一章中所指出的，那些用私人语言和个人理解行事的人，往往表现出明显的异常。精神失常者、神经症患者和罪犯都属于这种类型。我们发现，对他们来说，某些事情不能引起他们的兴趣——人、机构和社会规范对他们没有吸引力。然而，正是通过这些事情，才有了拯救他们的道路。

在同这些人一起工作时，我们的任务是使社会现实变得对他们有吸引力。紧张的人总是觉得如果他们表现出善意，那么他们就会心安理得。但他们需要的不仅仅是善意。我们必须告诉他们，**在社交中，真正重要的是他们实际取得的成就和他们真正给予的东西**。

虽然自卑的感觉和争取优越的斗争是普遍存在的，但如果把这一事实看作它表明了人人平等，那就错了。自卑和优越是支配人们行为的一般条件，但除了这些条件之外，人们还存在体力、健康和环境方面的差异。因此，不同的错误是不同的人在相同的给定条件下犯的。如果我们研究儿童，就会发现，没有一个绝对固定和正确的方式让他们回应。他们都在以自己的方式做出回应。他们努力追求更好的生活方式，但他们都是以自己的方式努力，以自己的方式犯错，也以自己的方式接近成功。

让我们分析个体的一些差异性和独特性。以左撇子儿童为例，有些孩子可能永远都不知道自己是左撇子，因为他们在使用右手方面受到了非常认真的训练。起初，他们的右手很笨拙，他们因此受到责骂、批评和嘲笑。嘲笑孩子是错误的，他们的双手都应该受到训练。一个左撇子的孩子在摇篮里就能被认出来，因为他的左手比右手动得多。在以后的生活中，他可能会由于右手的缺陷而觉得自己是个负担。另一方面，他通常会对自己的右手和手臂产生更大的兴趣，这种兴趣可能表现在绘画、写作等方面。事实上，在后续的生活中人们发现这样的孩子比普通孩子受到更好的训练并不令人惊讶。可以说，正是因为他不得不变得感兴趣，不得不起得更早，他的不完美才使他得到了更仔细的训练。这通常是发展艺术天赋和能力的一大优势。处于这种状态的孩子通常雄心勃勃，努力克服

第二章
自卑情结

自己的局限。然而有时，如果竞争是残酷的，他可能会嫉妒别人，从而产生一种更大的自卑感，这比一般情况下的自卑更难克服。通过不断地奋斗，一个孩子可能会成为一个好胜的孩子，或一个争强好胜的成年人，他总是带着一个固定的想法在战斗，那就是他不应该是笨拙的和有缺陷的。这样的人会比别人负担更重。

孩子们按照他们在生命的第一阶段——通常是四五岁的时候——形成的人格原型，以各种方式努力、犯错和发展。每个人的目标都是不同的。一个孩子可能想成为画家，另一个孩子则可能希望自己离开这个不合群的世界。我们可能知道他可以如何克服自己的缺陷，但他自己不知道，而且通常他也无法得到这些事实的正确解释。

许多孩子的眼睛、耳朵、肺或胃都不完美，我们发现他们的兴趣就在这些不完美的地方被激发出来。有个奇怪的例子是，一个男人，他只有在晚上下班回家时才哮喘发作。他四十五岁，已婚，有很高的职位。当被问道为什么哮喘发作总是在他从办公室回家后发生,他解释说:"你看,我妻子是个物质主义者,而我是个理想主义者,所以我们互相不认同对方。当我回家时,我想要安静,在家里享受自己的时间,但我的妻子喜欢出去交际,所以她抱怨留在家里。然后我就会发脾气,并开始感到窒息。"

为什么这个人会感到窒息?为什么他不呕吐呢?原因是他只是忠于他的人格原型。似乎在他还是个孩子的时候,因为身体有某方面的问题,他不得不用绷带包扎起来,这种紧绷的包扎影响了他的呼吸,使他非常不舒服。然而,他有一个保姆,这个保姆很喜欢他,常常坐在他身边哄他。她所有的兴趣都在他身上,而不是在她自己身上。因此,保姆给他的一个印象是,他将永远感到愉快并得到安慰。在他四岁的时候,保姆去参加一个婚礼,他陪着她走到车站,哭得很伤心。保姆走后,他对母亲说:"我的保姆走了,我对这个世界不再感兴趣了。"

我们看到成年的他就像人格原型形成初期时的他一样,在寻找一个理想的人,这个人总是逗他开心,总是安慰他,而且只对他感兴趣。问题并不是空气太

第二章
自卑情结

稀薄，而是他并不总能被逗乐和安慰到。通常，找到一个永远逗你开心的人并不容易。他总是想掌控整个局面，在某种程度上，当他成功时，这种想法可以帮助他。因为当他快要窒息的时候，他的妻子就不再想去看戏或参加社交活动了，然后他就获得了他的"优越目标"。

自然，这个人的表现是正确而得体的，但在他心里，却渴望成为征服者。他想让他的妻子成为他所谓的理想主义者而不是物质主义者。我们怀疑他的动机与表面上的不同。

我们常常看到，眼睛有缺陷的孩子对可视的东西更感兴趣，他们就这样培养了一种敏锐的能力。我们看到伟大的诗人古斯塔夫·弗赖塔格（Gustav Freitag）有一双弱视、散光的眼睛，却取得了很多成就。诗人和画家的眼睛常常有一些问题。但这本身往往会创造更大的兴趣。弗赖塔格这样评价自己："因为我的眼睛和其他人不同，我似乎被迫使用和练习我的想象。我不知道这是否帮助我成为一名伟大的作家，但无论如何，由于我的视力欠佳，我在想象中看到的比现实中其他人看到的要更好。"

如果我们研究天才的性格，我们常常会发现，他们要么视力不好，要么有一些其他缺陷。在各个时代的历史故事中，甚至神都有一些缺陷，比如一只或两只眼睛失明。有些天才虽然几乎失明，却能比其他人更好地理解线条、阴影和颜色的差异，这一事实表明，如果能正确理解那些受身体缺陷感到痛苦的儿童的问题，我们或许可以为他们做些什么。

有些人对食物很感兴趣。正因为如此，他们总是讨论他们能吃什么，不能吃什么。通常这样的人在刚出生的时候，在饮食方面经历了一段艰难时期，因此比其他人对食物产生了更多的兴趣。可能有个谨慎的母亲经常告诉他们，什么可以吃，什么不能吃。这些人必须通过训练来克服他们肠胃的不完美，因而他们对午餐、晚餐或早餐吃什么非常感兴趣。由于他们不断地思考吃，他们有时发展了烹饪技艺，或成为饮食方面的专家。

然而，有时肠胃虚弱会导致人们寻找一种食物的替代品。有时这种替代品是钱，而这些人就变成了吝

第二章
自卑情结

啬的或出色的银行家。他们经常夜以继日地训练自己努力挣钱。他们从不停止思考自己的事业，这一事实有时可能使他们比同行更具优势。值得注意的是，我们经常听说富人患有胃病。

让我们在这一点上提醒自己，要在身体和思想之间经常建立联系。一个既定的缺陷，并不总是导致相同的结果。身体上的缺陷和不良的生活方式之间没有必然的因果关系。对于身体的缺陷，我们经常通过正确的营养给予良好的治疗，从而部分地排除生理状况的影响。但并不是生理缺陷导致了不好的结果，不好的结果往往是患者的态度造成的。这就是为什么对于个体心理学家来说，单纯的身体缺陷或唯一的身体因果关系并不存在，有的只是对生理状态的错误态度。这也是为什么个体心理学家在一个人的人格原型发展的过程中，会寻求培养一种对抗自卑感的努力。

有时我们看到一个人不耐烦，是因为他急着去克服困难。当我们看到不断行动着的人，有着火爆的脾气，我们总是可以得出这样的结论：他们是具有极大自卑感的人。**一个知道自己可以克服困难的人不会不耐烦。**但另一方面，他可能并不总是能完成他该做的事情。傲慢、无礼、打架的孩子也表明了他有一种强烈的自卑感。在他们的案例中，我们的任务是寻找他们遇到困难的原因，以便开出治疗处方。我们永远不应该批评或惩罚他们在人格原型的生活方式中犯的错误。

我们可以在孩子们不同寻常的兴趣中、在他们谋划和超越别人的努力中、在朝着优越目标的建设性行为中，以非常独特的方式识别出这些人格原型特征。有一种人在动作和表情中均表现出对自己的不自信，他宁愿尽可能地排斥他人，宁愿留在他确信的小圈子里，而不愿去面对新的环境。在学校里、在生活中、在社会中、在婚姻中，他都会做同样的事。他总是希望在自己狭小的地盘上有所成就，从而达到高人一等的目的。我们在很多人身上都发现了这种特征。他们都忘记了，要想取得成果，就必须准备好应付所有的情况。一切都必须面对。如果一个人排除了某些情况和某些人，他就只有个人智慧来证明自己，而这是不够的。我们需要在社会交往和常识方面都有所革新。

如果一个哲学家想要完成他的作品，他不能总是

第二章
自卑情结

和别人一起去吃午饭或晚餐,因为他需要长时间的独处来汇聚他的想法,并使用正确的方法。但随后,他必须通过与社会接触来成长。这种接触是他发展的重要部分。因此,当我们遇到这样一个人的时候,我们必须记住他的两个需求。我们也必须记住,他可以是有用的,也可以是无用的,因此我们应该仔细观察有用行为和无用行为之间的区别。

整个社会进程的关键在于,人们总是在努力寻找一种能让自己脱颖而出的环境。因此,有着强烈自卑感的孩子通常想要排斥较强的孩子,而与他们可以控制和作威作福的弱一点的孩子一起玩。这是一种不正常的、病态的自卑感的表达,重要的是要认识到,自卑感本身不是关键,关键的是它的程度和性质。

这种不正常的自卑感被称为"自卑情结"(inferiority complex)。但是,用"情结"这个词来形容这种渗透到整个人格的自卑感并不合适。它不仅仅是一种复杂的疾病情结,它几乎是一种疾病,它的危害在不同的环境下是不同的。比如,当一个人在工作时,我们有时不会注意到自卑感,因为他对自己的工作感到很有信心。但是，他可能对自己在社会中的角色或与异性的关系没有把握，在这种情况下，我们才可以发现他真正的心理状态。

在紧张或困难的情境下，我们更容易注意到错误。只有在困难的或新的情况下，人格原型才会出现，而事实上困难的情况几乎总是新的。正如我们在第一章中所说，这就是为什么社会兴趣程度往往是在新的社会情境中出现并表达的。

如果我们让一个孩子上学，我们可以观察到他的社会兴趣，就像在一般的社会生活中观察到的一样。我们可以看到他是愿意和同伴交往，还是回避他们。如果我们看到多动的、淘气的、聪明的孩子，就必须深入他们的想法来找出原因。如果我们看到有些孩子只是在某些条件下或犹豫或前进，我们必须要留意他在以后的社交、生活和婚姻中可能会揭示出相同的特征。

我们总是听到有些人说："我会用这种方式做这件事""我会接受那份工作""我会和那个人吵架……但

第二章
自卑情结

是……"。所有这些陈述都是一种强烈自卑感的标志，事实上，如果我们这样解读它们，我们就会对某些情绪有新的认识，比如怀疑。我们发现，充满怀疑的人通常处于怀疑之中而一事无成。然而，当一个人说"我不会"时，他很可能会采取相应的行动。

如果心理学家仔细观察的话，常常可以看到人类的矛盾。这种矛盾可能会被认为是一种自卑感的标志。但是我们也必须观察一个人的行为，因为往往这些行为构成了这个人的问题。他采用的方法，他与人交往的方式可能是贫乏的，我们还必须观察他是否以一种犹豫的脚步和身体态度来对待别人。这种犹豫常常也会在生活的其他情形中表现出来。有很多人向前走一步，又后退一步——这是一种巨大的自卑感的标志。

我们的任务就是要让这类人远离优柔寡断。正确对待这种人的方式是鼓励他们，而不是使他们气馁。我们必须使他们明白，他们有能力面对困难，并解决生活中的问题。这是建立自信的唯一途径，也是对待自卑感唯一的正确方式。

第三章 优越情结

每个人都有自卑感，但自卑感并不是一种疾病，而是一种促进健康、正常奋斗和发展的刺激物。

第三章
优越情结

在上一章，我们讨论了自卑情结以及其与我们所有人共同拥有并与之斗争的普通自卑感之间的关系。现在我们要转到相反的话题——优越情结（superiority complex）。

我们已经看到个体生活的每一个症状是如何表现在活动过程中的。因此，症状可以说是有过去，也有未来。**未来与我们的奋斗和目标紧密相连，而过去则代表着我们正在努力克服的自卑或不足的状态**。这就是为什么在症状开端的时候，我们对自卑情结感兴趣，而在优越情结中，我们对连续性更感兴趣，也对运动本身的进展更感兴趣。此外，这两种情结是天然相关的。如果我们看到了自卑情结，就会发现其中隐藏着的或多或少的优越感是不足为奇的。此外，如果我们研究优越情结和它的持续性，我们也总能发现其中或多或少隐藏着自卑情结。

当然，我们必须牢记，与自卑和优越相连的"情结"这个词，仅仅代表了自卑感和追求优越的一种夸大状态。如果我们这样看问题，就可以消除两个自相矛盾的倾向的悖论性，这两种倾向——自卑情结和优越情结，同时存在于一个个体中。因为很明显，作为正常的情感，追求优越和自卑感之间是天然互补的。如果我们在目前的状况下没有感到某种不足，我们就不会力争卓越和成功。既然所谓的情结是从自然情感中发展出来的，那么它们之间的矛盾并不会比情感之间的矛盾多多少。

人对优越的追求从未停止过，这实际上构成了个体的精神和心理。正如我们所说的，生命就是达到一个目标或状态，而正是对优越的追求，才使得这种状态得以实现。它就像一条小溪，携带着所有它能找到的材料。如果我们看看懒惰的孩子，就会看到他们缺乏活力，对任何事情都缺乏兴趣，我们甚至可以说，

第三章
优越情结

他们几乎是不动的。但是，我们在他们身上发现了一种想要出类拔萃的愿望，这种愿望让他们说出"如果我不那么懒，我就能当总统了"这样的话。从这种意义上来说，他们也在有条件地行动和努力。他们对自己有很高的评价，并认为他们可以在有用的生活方面取得很多成就，"如果……"，当然这是一种谎言——这是虚构的，但我们都知道，人类经常满足于幻想。对于缺乏勇气的人来说，尤其如此。他们很容易满足于幻想。他们不觉得自己很强大，所以总是绕道而行——他们总是想逃避困难。通过逃避和避免战斗的方式，他们会觉得自己比实际更强大、更聪明。

我们看到有的孩子受到优越感的折磨而开始偷东西。他们相信自己能够骗过别人，但别人不知道他们在偷东西。因而，他们几乎没有努力就变得很富有了。同样的感觉在那些认为自己是超级英雄的罪犯中也非常明显。

我们已经从显示个人智慧的角度谈到过这种特性了。这不是常识，或者说不是社会常识。如果一个杀人犯认为自己是英雄，那是他个人的想法。他缺乏勇气，因为他想通过安排一些事，来逃避生活问题的解决。因此，犯罪行为是一种优越情结的结果，而不是一个人原始邪恶的表达。

我们在神经症患者的身上看到了类似的情况。例如，他们遭受失眠的困扰，所以第二天就不够精神，难以满足他们的职业要求。因为失眠，他们觉得自己不能被要求工作，因为他们不能完成自己能完成的事情。他们哀叹："如果我能睡觉，我有什么不能做呢？"

这种特点在遭受焦虑和抑郁的人身上也很普遍。他们的焦虑使他们成为凌驾于他人之上的暴君。事实上，他们利用自己的焦虑来控制别人，因为他们总是需要有人陪着他们，无论他们去哪里都必须有人陪。抑郁症患者周围的人在生活中常被要求要与抑郁症患者的需求相一致。

抑郁症患者和精神失常者总是家庭关注的中心。在他们的身上，我们看到了自卑情结带来的力量。他们抱怨自己感到虚弱，不断掉体重等。尽管如此，他

第三章
优越情结

们却是所有人里最强的。他们控制着健康人。这个事实并不会让我们惊讶,因为在我们的文化里,弱点可以变得相当强大和有力(事实上,如果我们问自己,在我们的文化中谁是最强大的人,最符合逻辑的答案是:婴儿。**婴儿制定规则,而且不受控制**)。

让我们研究一下优越情结和自卑情绪之间的关系。以一个有优越情结的问题儿童为例——这是一个无礼、傲慢、好胜的孩子。我们发现,他总是想让自己看起来比实际情况更好。我们都知道,乱发脾气的孩子有多么想通过突然发作来控制别人。他们为什么这么没耐心呢?因为他们不确定自己是否强大到可以实现目标。他们感受到了自卑。我们总是会在好胜的孩子身上发现一种自卑情结,以及想要克服它的欲望。就好像他们试图踮起脚尖,以便让自己看起来更高大,并通过这种简单的方法获得成功、骄傲和优越感。

我们必须要找到治疗这些孩子的方法。他们这样做是因为他们看不到生命的连贯性,也看不到事物发展的自然规律。我们不应该因为他们不愿意看到这个问题而去指责他们，因为如果我们用这个问题去质问他们，他们将总是坚持认为自己不是自卑，而是有优越感。因此，我们必须以友好的方式向他们解释我们的观点，并逐渐使他们理解。

如果一个人喜欢炫耀，那只是因为他感到自卑，因为他觉得自己在生活的有用方面没有强大到可以与别人竞争，所以他才站在无用的一边。他与社会不那么和谐，他不适应社会，不知道如何解决生活中的社会问题。我们总是会发现，在他的童年时期，他和父母、老师之间的斗争。我们必须理解这种情况，也需要让孩子们理解这种情况。

我们在神经症患者身上看到同样的自卑感和优越感的结合。神经症患者经常表现出他的优越情结，却看不到他的自卑情结。在这方面，强迫症患者的病史很有启发性。有一个年轻姑娘，与她很有魅力、很受人尊敬的姐姐关系很紧密。这个事实在一开始是很重要的，因为如果一个家庭中有一个人比其他人更杰出，后者就会遭殃。无论受宠的人是父亲、其中一个孩子或母亲，情况都是如此。这会给家庭的其他成员造成

第三章
优越情结

非常困难的情况，有时甚至感到无法忍受。

于是我们会发现，这些"其他"孩子都有一种自卑情结，并且努力向优越情结发展。只要他们不仅对自己感兴趣，而且对别人感兴趣，他们就会满意地解决生活中的问题。但是，如果他们的自卑情结非常明显，他们就会发现自己看起来像生活在一个充满敌人的国度，总是只能顾上自己的利益，而顾不上他人的利益，也因此，他们没有足够的公共意识。他们以这种不利于他们解决问题的情感来处理生活中的社会问题。而且，为了寻求解脱，他们走向了生活中无用的一面。我们知道，这并不是真正的解脱，但它看起来像一个解脱。它不是为了解决问题，而是为了得到别人的支持。他们像乞丐一样得到别人的支持，并通过利用他们的弱点，感觉到神经质般的舒服。

当一个人——无论是孩子还是成人感到虚弱时，他们就会停止对社会感兴趣，而是追求优越感，这似乎是人性的一种特征。 他们想用这样的方式来解决生活中的问题，即获得个体优越感，而不掺杂任何社会兴趣。只要一个人追求优越，并且用社会兴趣来调整，他就是在生活的有用方面用力，而且他可以完成得很好。但如果他缺乏社会兴趣，他就没有真正准备好解决生活中的问题。正如我们已经说过的，这一类人包括问题儿童、精神失常者、罪犯、自杀者等。

我们谈论的这个女孩，并没有在一个良好的环境中成长，她常常感到自我受限。如果她对社会感兴趣，并且理解我们所理解的东西，她可能会沿着另一条路线发展。她开始学习音乐，想要成为一名音乐家，但她总是处于一种紧张中，这种紧张是由自卑情结引起的，因为她总是想到那个受到偏爱的姐姐，这种紧张也使她被困在这里。当她二十岁的时候，她的姐姐结婚了，于是她也开始寻找一段婚姻，以便与她的姐姐竞争。就这样，她越陷越深，越来越远离健康、有益的生活。她认为自己是个非常坏的女孩，拥有把他人送进地狱的魔力。

我们把这种神奇的力量看作一种优越情结，但另一方面，她却会抱怨，就像我们有时听到富人抱怨他们成为富人的命运是多么糟糕一样。她不仅觉得自己拥有神一般的力量，能把人送进地狱，有时她还有这

第三章
优越情结

样的想象,即她可以而且应该拯救这些人。当然,这两种抱怨都很荒谬,但是通过这种幻想,她确信自己拥有一种比她被偏爱的姐姐更强大的力量。她只有通过这个游戏才可以超过她的姐姐。所以她抱怨说,她有这种能力,因为她抱怨得越多,她好像越有可能真的拥有这种能力。如果她对此一笑置之,对这种能力的抱怨就是值得怀疑的。只有通过抱怨,她才能对自己的命运感到幸福。我们在这里看到优越情结有时是如何被隐藏起来的,它在当下不被承认,但事实上它是作为自卑情结的补偿而存在的。

我们现在要谈到那个姐姐的情况,她很受宠爱,因为她曾经是家里唯一的孩子,很被骄纵,也是全家的中心人物。三年后,她有了一个妹妹,这个事实改变了她的整个情况。从前她总是大家注意的中心,而且是唯一的。如今她突然从这个位置上被移开了。结果,她成了一个好胜的孩子。但她只有在同伴较弱的场合才会发生竞争。一个好胜的孩子并不是真的勇敢——因为她只与弱者战斗。如果环境比较牢固,这个孩子就不会变得好胜,而是变得易怒,或者抑郁,并可能因此在家庭中不受欢迎。一方面，在这种情况下，大一点的孩子会觉得她不像以前那样深受宠爱了，她会把别人态度改变的种种表现看成对她的想法的确认。她认为她的母亲是最有罪的，因为她把另一个女孩带到家里来了。这样一来，我们就可以理解她对母亲的直接攻击。

另一方面，这个婴儿像所有的婴儿一样被看到、被注意到、被宠爱，因而处于一个有利的位置。所以她不需要努力，不需要斗争。她成长为一个非常可爱、非常柔软、非常受人喜爱的生命——也是家庭的中心。有时顺从的美德可以战胜一切！

现在让我们来检验一下，看看这种甜蜜、柔软和善良是否对生活有益。我们可以假定，她之所以如此顺从和温顺，只是因为她是如此的被宠爱。但是我们的文明并没有对娇生惯养的孩子给予优待，有时父亲意识到这一点，并想结束这种被娇惯的状态。有时学校里也会出现类似的情况。对于这样的孩子，他们的地位总是处于危险之中，因此受宠的孩子也会感到自卑。只要他们在有利于他们的环境中，我们就不会察

第三章
优越情结

觉这种受宠孩子的自卑感,但当不利于他们的情况出现时,我们会看到这些孩子要么崩溃了,要么抑郁了,要么发展出了优越情结。

优越情结和自卑情结在某一点上是一致的,即它们总是站在生活无用的一面。我们在生活有用的一面永远不会找到一个傲慢、无礼、有优越情结的孩子。

当这些受宠的孩子上学时,他们就不再处于有利地位了。从那一刻起,我们看到他们在生活中采取了一种犹豫不决的态度,而且无法完成很多事情。我们在前文案例中谈到的那个妹妹也是这样。她开始学习缝纫、弹钢琴等,但过了一会儿她就不学了。与此同时,她对社会失去了兴趣,不再喜欢外出,而且感到沮丧。她觉得姐姐的性格更讨人喜欢,这使她相形见绌。她犹豫不决的态度使她变得更软弱,并且使她的性格更差。

在后来的生活中,她在职业问题上犹豫不决,而且从来没有完成过任何事情。她在爱情和婚姻上也犹豫不决。尽管她渴望与姐姐竞争，但当她三十岁时，她环顾四周，与一个患肺结核的人在一起了。当然，我们可以很容易地看到，这个选择会遭到她父母的反对。在这个案例中，她并不需要停止行动，因为她的父母制止了她，因而她并没有跟这个人结婚。一年后，她嫁给了一个比她大三十五岁的男人。既然这样一个男人已经不再被认为是好丈夫的最佳人选，那么这桩本来就不像婚姻的婚姻就显得毫无用处了。在选择一个年纪大得多的人结婚或选择一个不能结婚的人结婚的人群中，我们经常会发现这种自卑情结。例如，选择已婚的男人或女人。如果他们的婚姻或恋爱的关系有明显的阻碍存在，他们就会有怯懦的嫌疑。因为这个女孩没有证明她在婚姻中的优越感，她找到了另一种获得优越情结的方式。

她坚持认为这个世界上最重要的事情是承担责任。她不得不一直洗澡。如果有任何人或任何东西碰到了她，她就得再洗一遍。就这样，她完全被孤立了。事实上，她的手非常脏。原因很明显：由于她经常洗手，她的皮肤变得很粗糙，因而在很大程度上积

第三章
优越情结

满了灰尘。

现在看来,这一切都像是一种自卑情结,但她却觉得自己是世界上唯一纯洁的人,而且她不断地批评和指责别人,因为他们不像她那样经常洗手。她像在哑剧中一样扮演着她的角色。她总是想出人头地,现在,她以一种虚幻的方式做到了,她是世界上最纯洁的人。我们看到,她的自卑情结变成了优越情结,并且以非常明确的方式表达出来。

我们在自大妄想的人身上看到同样的现象,这样的人相信自己是耶稣基督或皇帝。这样的人在生活中无用的一面扮演着自己的角色,好像这是真的一样。他在生活中是孤独的。如果我们回顾他的过去,就会发现他感到自卑,并以一种毫无价值的方式产生了一种优越情结。

有一个十五岁的男孩,因为幻觉而住进了精神病院。那时第一次世界大战还没爆发,他幻想着奥地利的皇帝已经死了。这不是真的,但他声称皇帝曾在他的梦中出现,要求他率领奥地利军队攻打敌人。要知道，他是个小个子男孩！他看到报纸时并不相信报纸上说的皇帝正站在他的城堡里，或者皇帝开着他的汽车出去了。但他坚持说皇帝已经死了，并且曾在他的梦中出现过。

那个时候，个体心理学正试图找出睡眠姿势在表明一个人的优越感或自卑感方面的重要性，我们可以发现这样的信息可能会被证明是有用的。有些人像刺猬一样蜷曲在床上，用被子盖住头，这表达了一种自卑情结。我们能相信这样的人是勇敢的吗？或者，如果我们看到一个人站得直挺挺的，我们能相信他在生活中是软弱的或委屈的吗？无论从字面还是比喻的角度来看，他都会表现得很好，就像他在睡梦中一样。据观察，趴着睡觉的人是倔强且好胜的。

研究人员对这个男孩进行了观察，试图发现他清醒时的行为和睡觉时的姿势之间的关联。结果发现，他像拿破仑一样，睡觉时双臂交叉放在胸前。我们看到过拿破仑的双臂摆成这种姿势的照片。第二天，这个男孩被问道："这个姿势让你想起了什么人吗？"他回答说："是的，我想到了老师。"这个发现有点令人

第三章
优越情结

不安,直到有人提出,这个老师可能像拿破仑。事实证明确实是这样的,而且这个男孩非常喜欢这个老师,并希望能成为一个像他那样的老师。但由于家里没有足够的资金让他接受教育,他的家人不得不让他在餐馆工作,那里的顾客都因为他个子小而嘲笑他。他无法忍受这种嘲笑,想摆脱这种屈辱感,但他逃到了生活中无用的一面。

我们能够理解这个男孩身上发生了什么。一开始,他有一种自卑情结,因为他个子矮小,因此被餐厅的客人嘲笑。但他一直在追求优越感,他想成为一名教师。但是,由于他在实现这一职业上受到了阻碍,他就绕道去生活中无用的一面寻找追求优越的目标。最终,他在睡眠和做梦方面获得了这种优势。

因此,我们可以看到,寻求优越的目标可以出现在生活中无用的一面,也可以出现在有用的一面。例如,如果一个人是仁慈的,可能意味着以下两种情况中的一种:他可能是适应了社会,想要帮助别人,也可能仅仅意味着他想要自夸。心理学家遇到过许多以自吹自擂为主要目的的人。有这样一个例子:一个男孩在学校里成绩不太好，事实上，他的成绩太差了，以至于他变成了一个逃学和偷东西的人，但他总是很自负。他做这些事是源于他的自卑情结。某种程度上，他希望有所成就——也许仅仅出于廉价的虚荣。于是他偷了钱，给妓女送鲜花和其他礼物。一天，他开着一辆车，来到一个很远的小镇，在那里，他要了一辆马车和六匹马。他骑着马在镇里游逛，直到被捕。**在他所有的行为中，他努力让自己看起来比别人更厉害，比他实际的样子更厉害。**

在罪犯的行为中我们还可以注意到一种类似的倾向，即希望获得轻易成功的倾向，这一点我们在前文中也已经讨论过。《纽约时报》前段时间报道了一个小偷如何闯入几位教师的家中，并与她们进行争论的故事。小偷告诉她们，她们不知道从事普通、实在的职业会给她们带来多大麻烦，当一个小偷要比干普通工作容易得多。这个人逃到了生活中无用的一面，但走这条路，让他发展出某种优越情结。他觉得自己比这些女人厉害，尤其是他有武器而她们没有。但他意识到自己是个懦夫了吗？我们知道他就是这样的人，因

第三章
优越情结

为我们把他看作一个从自卑情结中逃出来,而转向了生活中无用的一面的人。然而,他认为自己是个英雄,而不是懦夫。

有些人通过选择自杀的方式,来摆脱整个世界的困难。他们似乎不关心生活,所以感受到一种优越感,即便他们是真正的懦夫。我们看到,优越情结处于心理发展的第二个阶段,它是对自卑情结的一种补偿。我们必须设法找到其中的联系——正如我们说过的,这种联系看起来似乎是一种矛盾,但实际上是人类的本性。一旦找到了这种联系,我们就可以同时对自卑情结和优越情结进行治疗了。

如果不谈自卑情结和优越情结与正常人的关系,我们就无法对这些情结共同的主题下结论。我们说过,**每个人都有自卑感。但自卑感并不是一种疾病,而是一种促进健康、正常奋斗和发展的刺激物。**只有当自卑感压倒个人,非但没有刺激他去从事有用的活动,反而使他抑郁,并且没有能力发展时,它才会成为一种病态。优越情结是一个有自卑情结的人用来逃避困难的一种方法。他以为自己比别人优秀,虽然并不真的如此，这种虚幻的成功补偿了他无法忍受的自卑状态。正常人没有优越情结，甚至没有优越感。在渴望成功这个意义上，我们所有人都会有一种力争上游的努力，虽然这种努力在工作中受到压制，但它并不会导致错误的价值观，而这种错误的价值观往往是精神疾病的根源。

第四章 生活方式

　　树的生活方式就是树在环境中个性化地表现自己、塑造自己的方式。人类也是如此。

如果我们观察一棵生长在山谷中的松树，我们会注意到它的生长方式与生长在山顶的松树不同。它们是同一品种的松树，却有两种截然不同的生活方式（styles of life）。一棵树在山顶的生长方式与它在山谷的生长方式是不同的。**树的生活方式就是树在环境中个性化地表现自己、塑造自己的方式。**当我们在一个与我们所期望的环境不同的背景下看到一种风格时，我们就能认出它，因为那时我们能意识到，每棵树都有自己的生活方式，而不仅仅是对环境的机械反应。

人类也是如此，特定的环境条件会塑造特定的生活方式，我们的任务是分析它与现有环境的确切关系，正如人的心智随着环境的变化而变化一样。**只要一个**

第四章
生活方式

人处于有利的环境中,我们就无法清楚地看到他的生活方式。但是,在新的情境下,当他面临困难时,他的生活方式就会清清楚楚地呈现出来。也许一个受过训练的心理学家在有利情况下也能理解一个人的生活方式,但当人们被置于不利或困难处境时,生活方式对每个人都变得显而易见。

现在的生活,并不仅仅是一场游戏,它还有很多困难。总有一些情境,身处其中的人是会遇到困难的。我们要研究的正是人们在面临这些困难课题时,表现出的与众不同的活动形态和特征。正如我们前面所说的,生活方式是统一的,因为它的形成源于早年生活的困难,和对目标的追求。

但我们更感兴趣的不是过去,而是未来。**为了了解一个人的未来,我们必须了解他的生活方式**。即使我们理解了本能、刺激、动力等,我们也无法预测未来一定会发生什么。一些心理学家确实试图通过注意某些本能、印象或创伤来得出结论,但经过更仔细的审查,我们就会发现,所有这些因素都以一个持久的生活方式为前提。因此,不管是什么刺激,刺激的作用只是保存和修复某种生活方式。

生活方式的概念与我们在前几章中讨论的内容有什么联系？我们已经看到了器官有缺陷的人是什么样的，因为他们面对困难感到不安全，会深陷一种自卑感或自卑情结。但正如我们所见，由于人类不能长期忍受这种情况，自卑感会刺激他们采取行动。这使得一个人产生了一个目标。在个体心理学中，长期以来人们一直把朝着这个目标的行动称为一种"生活计划"。但因为这个说法有时会在学生中引起一些误解，现在它则被称为一种"生活方式"。

因为一个人有自己的生活方式，有时我们可以通过和他交谈并让他回答问题来预测他的未来。这就像看一出戏剧的第五幕，所有的谜团都被解开了。我们可以用这种方式做出预测，因为我们知道生命的阶段、困难和问题。因此，通过一些事实经验和知识，我们可以说出什么将发生在总是与人分离的孩子身上，什么将发生在总是寻求支持的孩子身上，什么将发生在被纵容的孩子身上，以及什么将发生在事到临头犹豫的孩子身上。如果一个人的目标是得到别人的支持，

第四章
生活方式

那么会发生什么呢？他犹豫着，停下来或逃避生活问题的解决。我们知道他是如何犹豫、停滞或逃跑的，因为我们已经看到同样的事情发生了上千次。我们知道他不想单独行动，而是想要得到照顾。他想远离生活中的重大问题，因此他让自己忙于无用的事情，而不是去做有价值的事情。他缺乏社会兴趣，因此他可能发展成问题儿童、神经症患者、罪犯或自杀者，以得到最终的解脱。如今所有这些事情都比之前更好理解了。

例如，我们认识到，在寻找一个人的生活方式时，我们可以把普通的生活方式作为衡量基础。我们把适应社会的人作为标准，以此来衡量正常标准下的变化。

在这一点上，也许它将有助于显示我们如何确定正常的生活方式，以及我们如何在它的基础上，理解错误和独特性。但在讨论这一点之前，我们应该提一下，在这类研究中，我们不划分类型。我们不考虑人的类型，是因为每个人都有自己独特的生活方式。就像你找不到两片完全相同的树叶一样，你也找不到两个完全相同的人。大自然是如此丰富，刺激、本能和错误的可能性是如此之多，因而不可能有两个人是完全相同的。因此，如果我们谈论类型，它只能作为一种智力策略，使人更多地理解个体的相似性。如果我们像类型一样假设一种知识分类，并研究它的特殊性，我们就能做出更好的判断。然而，在这样做的时候，我们并不要求自己在任何时候都使用相同的分类。我们使用分类，是因为这种分类对于引出某个特殊的相似性是最有用的。对待类型和分类过于认真的人，一旦把某个人划入一个类别，就有可能不知道如何把他划入其他类别了。

例如，当我们谈到一种不适应社会的人时，我们指的是过着沉闷的生活而没有任何社会兴趣的人。这是对个体进行分类的一种方法，也是最重要的一种方法。想象一下，这种人尽管兴趣十分有限，兴趣主要集中在视觉上的人与那些兴趣主要集中在嘴巴上的人完全不同，但是他们都可能是社会适应不良、发现很难与同伴建立关系的人。（如果我们没有意识到类型仅仅只是一种方便研究的抽象归纳，那么按类型分类就可能导致混淆。）

现在让我们回到正常人的问题上来，正常人是我

第四章
生活方式

们衡量变化的标准。正常人是指生活在社会中的个人，他的生活方式非常适应社会，无论他想不想，社会都能从他的工作中获得某种收益。从心理学观点来看，他有充足的能量和勇气来面对遇到的问题和困难。在精神失常者的身上，这两种品质都缺失了：他们既没有适应社会，也没有从心理上适应日常的生活任务。为了表明这一点，我们可以以一个三十岁的男人为例，他总是在最后一刻逃避问题的解决。他有一个朋友，但他对这个朋友非常不信任，结果这段友谊从未得到发展。在这种情况下，友谊无法得到发展，是因为另一方会感觉到关系的紧张。我们很容易看出，这个人为什么没有真正的朋友，尽管他和许多人都有交情。在社交方面，他既没有足够的兴趣，也不适应交朋友。事实上，他不喜欢交际，和别人在一起时总是沉默不语。他解释这一点的理由是，在公司里，他从来没有任何想法，因此他无话可说。

而且，这个人很害羞。他的皮肤是粉色的，一说话就脸红。当他克服这种害羞，他就能讲得很好。他真正需要的是在这个方面得到帮助，而不是批评。当然，当他处于这种状态时，他表现得并不好，他的邻居也不太喜欢他。他也感受到了这一点，结果他更加不爱说话。可以说，他的生活方式是这样的，如果他接近社会上的其他人，他就会引起别人对他的注意。

仅次于社交生活和与朋友相处艺术的是关于职业的问题。因为我们的患者总是担心他的工作会失败，所以他夜以继日地学习。也因为他把自己逼得太紧了，反而把自己弄得无法解决职业问题。

如果我们比较患者对他生命中第一个和第二个问题的态度，我们会发现，他总是处于过度紧张中，这表明他很自卑。他不仅低估了自己，并把其他人和新情况看作是对他不友好的。他的表现就好像他身处敌国一样。

我们现在有足够的资料可以描绘出这个人的生活方式了。我们可以看到，他很想进步，但同时，他被卡住了，因为他害怕失败。他仿佛站在一个深渊前，焦虑不安，并始终处于紧张状态。他设法前进，但发现前进是有条件的，所以他宁愿待在家里，而不是与

第四章 生活方式

其他人交往。

这个男人面临的第三个问题是关于爱情的,这也是一个大多数人都没有准备好的问题。他犹豫着要不要接近异性。他发现他想要爱情,想要结婚,但由于他巨大的自卑感,他太害怕面对潜在对象了。他无法实现他想要的,他的整个行为和态度可以总结为一句话:"是的……但是!"我们看到他爱上一个女孩,然后又爱上另一个。这当然是一个经常发生在神经症患者身上的现象,因为在某种意义上,爱上两个女孩比只和一个女孩相处要轻松些。这个事实有些时候可以解释为什么神经症患者有一夫多妻的倾向。

现在让我们来分析一下这种生活方式产生的原因。个体心理学致力于分析生活方式的原因。这个人在最初的四五年里就确立了自己的生活方式。当时发生了一些悲剧,这些悲剧塑造了他,所以我们必须去寻找这个悲剧。我们可以看到,有些事情使他对别人失去了正常的兴趣,并给了他这样的印象:生活就是一个巨大的困难,与其总是要面对困难情境,不如干脆不要继续下去。因此,他变得谨慎、犹豫,并寻找逃跑的办法。

我们必须提到他是长子这一事实。我们已经谈到过出生顺序的重要性，也已经展示了第一个孩子的主要问题是如何产生的，因为他多年来一直是关注的中心，不料竟被另一个人取代了他的荣耀。在大量案例中，当一个人表现出害羞，不敢继续下去时，我们往往会发现是因为另一个人被偏爱了。因此，在这种情况下，我们不难找到问题所在。

在很多情况下，我们只需要问患者：你是家里第一个、第二个，还是第三个孩子？我们就能获得所有需要的信息。当然也可以使用一种完全不同的方法：我们可以让患者回想往事，这个部分我们将在下一章详细讨论。这种方法是有价值的，因为这些回忆或最初的图像是个人建立早期生活方式的一部分，我们称之为"人格原型"。当一个人讲述他的早期记忆时，就会触碰到其人格原型的非常真实的一部分。回顾过去，每个人都记得某些重要的事情，事实上，留在记忆中的总是重要的。有一些心理流派的假设是相反的，他们认为，一个人遗忘的才是最重要的，但实际上这两

第四章
生活方式

种想法之间没有很大的区别。也许一个人可以告诉我们他有意识的记忆，但不知道它们意味着什么。他看不出这些记忆和他的行为之间的联系。因此，无论我们强调的是有意识的记忆中隐藏或遗忘的意义，还是被遗忘的记忆的重要性，结果都是一样的。

即便是对早期记忆的少量描述，也具有高度的启发性。一个人可能会告诉你，在他很小的时候，他的母亲带着他和弟弟去商场。这个信息就足够了，然后我们就能发现他的生活方式。他描绘出自己和一个弟弟，由此我们可以知道，对他来说，有一个弟弟一定很重要。让他继续往前回忆，你可能会发现一个情景，类似于一个男人回忆起那天开始下雨，他的母亲把他抱在怀里，但当母亲看到弟弟时，她把他放下来，抱起小弟弟。因此，我们可以想象他的生活方式，他总是预期另一个人会被偏爱。这样，我们就可以理解，为什么他不能在公开场合发言，因为他总是环顾四周，看看是否会有人更受欢迎。同样的道理也适用于他的友谊，他总是认为他的朋友更喜欢别人，因此他永远不会有一个真正的朋友。他总是充满怀疑，寻找那些破坏友谊的小事。

我们也可以看到,他所经历的悲剧是如何阻碍了他的社会兴趣的发展。他回忆说他的母亲把弟弟抱在怀里,从中我们可以看出,他觉得弟弟比他更多地得到了母亲的关注。他觉得弟弟更受青睐,并不断地求证这一想法。他完全相信自己是正确的,因此他总是处于压力之下——总是面临着一个巨大困难,即想要试图完成别人更喜欢的事情。

对于这样一个充满怀疑的人来说,唯一的解决办法就是完全把自己孤立,这样他就根本不用和别人竞争了。用一个比喻来说,他就成了这个地球上唯一的人类。有时候,他会幻想似乎整个世界都崩塌了,他是唯一留下来的人,因此没有人可以被偏爱。我们看到他如何利用一切可能来拯救自己,但是他不是沿着逻辑、常识或真理的路线走,而是沿着怀疑的思路走。他生活在一个有限的世界里,他有一个想要逃离的个人想法。他与别人毫无联系,对别人也没有兴趣。但他不应该受到责备,因为我们知道他并不完全正常。

第四章
生活方式

我们的任务是给这样的人培养社会兴趣方面的要求。如何做到这一点呢？用这种方式训练出来的人最大的困难在于他们紧张过度，总是在寻找能证实他们固有想法的证据。因此，要改变他们的想法是不可能的，除非我们以某种方式深入他们的个性，消除他们的先入之见。为了达到这样的目的，我们必须使用一定的技艺和策略。如果咨询师与患者关系不密切，或对患者不感兴趣，那就最好了。因为如果一个人对这个案例本身很感兴趣，他就会发现他是在为自己的利益而行动，而不是为患者的利益而行动。患者一定会注意到这一点，从而变得多疑。

重要的是要减少患者的自卑感。它不能全部被根除，事实上我们也不想根除它，因为自卑感可以作为我们工作的有用基础。我们要做的是改变目标。我们已经看到，他的目标是一种逃避，仅仅因为别人更受青睐，所以我们必须围绕着这些复杂的想法工作。我们必须让他知道，他确实低估了自己，从而减轻他的自卑感。我们可以向他指出，他的行为会给他带来什么麻烦，向他解释他过度紧张的倾向，就好像站在一个巨大的深渊前,或者生活在一个充满敌人的国家,因而总是处于危险之中。我们可以向他指出,他对别人可能被偏爱的恐惧,是如何阻碍他在工作中做出最好的表现,以及如何阻碍他给人留下最好的自然印象的。

如果这样的人能在社交中充当主人,让他的朋友们玩得开心,与他们友好相处,考虑他们的兴趣,他将会有很大的进步。但通常在社会生活中,我们看到他并不喜欢自己,没有什么想法,结果他还会说:"愚蠢的人类,我不喜欢他们,对他们也不感兴趣。"这些人的问题在于他们缺乏个人智慧和常识,他们并不了解这种情况。正如我们所说的,他们好像总是面对着敌人,过着孤独的生活。在人类的处境中,这样的生活是悲剧性的。

现在让我们来看另一个具体的例子,一个患忧郁症的人的例子。忧郁症是一种很常见的疾病,但它是可以被治愈的。患忧郁症的人在很小的时候就能被辨别出来。事实上,我们注意到许多孩子在面对新环境时表现出忧郁症的迹象。我们所说的这个忧郁的人,

第四章
生活方式

大约有过十次发作,每次都是在他换工作的时候发生的。只要他还在原来的职位上,他就几乎是正常的。但是他不想去社交,他想掌控别人。结果他一个朋友都没有,到了五十岁还没有结婚。

让我们来看看他的童年,从而研究他的生活方式。他非常敏感,喜欢争吵,总是通过强调他的痛苦和弱点来控制他的哥哥姐姐们。有一天,在沙发上玩的时候,他把他们都推了下去。当他的姨妈责备他时,他说:"现在我的一生都毁了,因为你责备我!"那时他才四五岁。

这就是他的生活方式——总是试图控制别人,总是抱怨自己的软弱和自己的痛苦。这一特点导致了他后续生活的忧郁,而忧郁本身就是一种软弱的表现。每一个忧郁症的患者都说过几乎相同的话:"我的整个生活都毁了,我失去了一切。"这样的人,通常曾经被纵容,之后不再有这样的纵容,而这影响了他的生活方式。

人类对环境的反应很像不同种类的动物。在同样的情况下，野兔的反应与狼或老虎的反应是不一样的，人类也是如此。曾经有人做过这样一个实验：把三种不同类型的男孩带到一个狮子笼里，以便看看他们第一次看到这个可怕的动物会有什么反应。第一个男孩转过身说："我们回家吧。"第二个男孩说："多漂亮啊！"他想表现得勇敢些，但他说这话时浑身发抖。可见，他是个胆小的人。第三个男孩说："我可以朝他吐口水吗？"在这里我们看到了三种不同的反应，他们用三种不同的方式来体验同样的情境。我们还看到，在大多数情况下，人类都有一种害怕的倾向。

这种胆怯表现在一个社会场合时，常常是适应不良的最常见原因之一。从前有一个出身名门的人，他从不愿竭尽全力，却总希望有人支持他。他显得很虚弱，当然也找不到工作。当家里的情况变糟时，他的哥哥们跟在他后面说："你真是太笨了，所以找不着工作。你什么都不懂。"于是他开始酗酒，几个月后，他成了一个顽固不化的酒鬼，被关进收容所两年。这虽然对他有所帮助，但并不是永久地帮助到他，因为他并没有准备好重新进入社会。虽然他是名门望族的后

第四章
生活方式

裔,但除了当一名工人之外,他找不到任何工作。不久他开始出现幻觉,他认为有人在嘲笑他,使他无法工作。因为他是一个酒鬼而且有幻觉,所以他不能工作。因此,我们看到,仅仅使醉汉清醒并不是正确的治疗方法,我们必须发现并纠正他的生活方式。

经过调查,我们发现这个人曾经是个娇生惯养的孩子,总是想得到帮助。他没有准备好单独工作,而我们也看到了这个结果。**我们必须让所有的孩子独立,而只有让他们理解他们生活方式中的错误,才能做到这一点。**这个孩子应该被训练去做一些事情,这样,他就不会在他的兄弟姐妹面前感到羞耻了。

第五章 早期记忆

在大多数情况下,生活方式并不会发生改变。同一个人总是具有相同的人格,相同的整体性。生活方式是通过追求特定的优越目标而建立起来的。

第五章
早期记忆

分析了一个人的生活方式的意义之后,我们现在来讨论早期记忆(old remembrances)的话题,这可能是每个人获得生活方式的最重要手段。通过回顾童年记忆,我们能够比任何其他方法都更好地揭示人格原型,而人格原型是生活方式的核心。

如果我们要了解一个人的生活方式,无论他是孩子还是成人,我们应该在稍稍听了他的抱怨之后,询问他过去的一些事情,然后把这些事情和他所讲的其他事实进行比较。在大多数情况下,个体的生活方式并不会发生改变。同一个人总是具有相同的人格,相同的整体性。我们看到,**一种生活方式是个体通过追求特定的优越目标而建立起来的,因此我们必须把每**

一句话、每一种行为和每一种感觉都视为整个"行动路线"（action line）的有机组成部分。现在，这个"行动路线"在某些方面表达得更清楚了。这种情况通常发生在早期记忆中。

然而，我们不应该太清楚地区分新旧记忆，因为在新记忆中，也包含着行动路线。一开始，我们更容易发现行动路线，这种行动路线也更具启发性，然后我们会发现一个主题，并能理解一个人的生活方式为何没有真正改变。在一个人四五岁时形成的生活方式中，我们发现了早期记忆和当下行为之间的联系。因此，经过许多类似的观察，我们可以得出这样的结论，**即在这些早期记忆中，我们总能找到一个人人格原型的真实部分。**

当一个人回顾他的过去时，我们可以肯定，他记忆中出现的任何东西都会激发他的情感，因此我们就能找到他性格的线索。不可否认的是，被遗忘的经历对生活方式和人格原型也很重要，但很多时候，我们很难找到被遗忘的记忆，或他们所谓的无意识记忆。有意识记忆和无意识记忆有一个共同特点，那就是朝

第五章 早期记忆

向同一个优越目标。它们都是完整的人格原型的一部分。因此，如果可能的话，最好同时找到有意识记忆和无意识记忆，这两部分记忆最后大约同等重要，而个体却不明白这个道理。只有局外人才能理解和解释这两者。

让我们从有意识记忆开始分析。有些人，当他们被问到自己的早期记忆时会说："我一点都不记得了。"我们必须要求这些人集中注意力并努力回忆。经过一番努力，我们会发现他们会回忆起一些事情。但是这种犹豫可能会被认为是一种迹象，即他们不想回忆他们的童年，然后我们可能会得出结论，他们的童年是不那么愉快的。我们必须引导并提示这样的人，以便弄清我们需要的信息。最后，他们总是会记起一些事。

有些人声称他们能回忆起他们出生第一年的事，这几乎是不可能的，事实可能是，这些都是幻想出来的记忆，而不是真正的记忆。但它们是虚构的还是真实的并不重要，因为它们都是一个人性格的一部分。有些人坚持说，他们不确定一件事是自己记得的，还是父母告诉他们的。这也不是真的重要，因为即使是父母告诉他们的，他们也已经将这些记忆固定在他们的脑海中，因此，这些记忆也有助于告诉我们他们的兴趣在哪里。

正如我们在上一章中所说，为了某些目的，把个体划分为类型是很方便研究的。现在，早期记忆是根据类型来划分的，并揭示了某个特定类型的个体会有怎样的行为。例如，让我们以一个人为例，他记得他看到了一棵非常棒的圣诞树，上面挂满了彩灯、礼物和节日蛋糕。这个故事里最有趣的事情是什么？是他看到了。他为什么告诉我们他看到了？因为他总是对可视的东西感兴趣。他一直在与视力上的一些困难做斗争，并且受过训练，也一直对可视的东西很感兴趣、投入注意。也许这不是他生活方式中最重要的元素，但却是有趣而重要的一部分。这表明，如果我们要给他一份工作，那就应该是一份他会使用眼睛的工作。

学校对孩子们的教育往往忽略了这种类型原则。我们可能会发现一个对可视事物感兴趣的孩子不怎么会听，因为他总是想看一些东西。对于这样的孩子，

第五章
早期记忆

我们应该耐心地教育他学会倾听。许多孩子在学校里只获得了一种教学方式，因为他们喜欢使用某一种感官。他们可能只擅长听或擅长看，而有些人总是喜欢行动。我们不能期望这三种类型的孩子会有同样的成绩，特别是如果老师更喜欢用其中一种教学方法，比如擅长听的孩子喜欢的方法，那么擅长看的孩子和擅长做的孩子的发展就会受到损害和阻碍。

以一个二十四岁的年轻人为例，他遭受了短时间的意识丧失。当被问及他的记忆时，他回忆说，在他四岁的时候，他听到发动机的轰鸣声就晕倒了。换句话说，他是一个曾经听到过刺激性声音，因此对听感兴趣的人。我们并不需要在这里解释这个年轻人后来是如何发展出昏厥的，但从他的童年经历足以说明他对声音非常敏感。他非常有乐感，因为他不能忍受噪声、不和谐或刺耳的声音。对此，我们并不感到惊讶，因为他应该受到了轰鸣声的很大影响。通常情况下，孩子或成人都会对一些事情产生兴趣，因为他们自己体验过。你可能还记得前一章中提到的哮喘患者的个案。他小时候因为治病，需要紧紧缠绕住肺部，因此对呼吸方式产生了极大的兴趣。

有人遇到过那种所有兴趣似乎都集中在吃上的人那么他们的早期记忆一定与饮食有关。似乎对他们而言，世界上最重要的事情是怎么吃、吃什么、不吃什么。我们常常发现，早期生活中如果遇到与吃有关的困难，会增强这类人心中吃的重要性。

现在我们来看一个与运动和行走的记忆有关的案例。有很多儿童在生命之初由于很虚弱，或患有佝偻病，而不能很好地移动。他们对运动有一种异于寻常的兴趣，而且总是很匆忙。接下来这个个案正是这种情况的例证。一个五十岁的男子向医生抱怨说，每当他与同伴共同过马路时，他就会有一种可怕的恐惧感，担心两个人都会被车撞倒。但当他一个人的时候，他从来没有过这种恐惧，事实上，他在穿越街道的时候是非常沉着的。只有当另一个人和他在一起时，他才会想救这个人。于是他会抓住伙伴的手臂，一会儿把他推到右边，一会儿把他推到左边，而这通常会让他很烦恼。尽管不是经常性的，我们偶尔确实会遇到这样的人。下面让我们一起分析他看起来有点愚蠢的行

第五章
早期记忆

为的原因。

当被问及他的早期记忆时,他解释说,在他三岁的时候,他还不能很好地走路,并遭受了佝偻病的折磨。他过马路时,有两次被车撞倒。因此,现在当他是一个成人时,他想证明他克服了这个弱点。可以说,他想要展示的是,他是唯一能过马路的人。当他和同伴在一起时,他总是会找机会证明这件事。当然,能够安全地过马路并不是大多数人会为之自豪或会与他人竞争的事。但对这位患者而言,想要移动和显示自己可以移动的欲望可能会很活跃。

现在我们转到另一个案例——一个即将成为罪犯的男孩的案例。他偷东西、逃学,直到他的父母对他感到绝望。他的早期记忆是他总是想要四处走动,而且很着急。他现在和父亲一起工作,而且整天都坐着不动。根据病情的性质,治疗的一部分是让他做推销员——为他父亲的生意做旅行推销。

最典型的早期记忆类型之一是对童年时期的死亡的记忆。当孩子看到一个人突然死去时,他们的心智受到的影响是非常明显的。有时这样的孩子会变得病态，有时，虽然没有病态，但他们会把自己的整个精力献给与死亡相关的问题，并且总是以某种形式与疾病和死亡对抗。我们可能会发现，很多这样的孩子在之后的生活中会对医学感兴趣，而且他们可能成为医生或化学家。这样的目标当然是生活中有用的一面。他们不仅与死亡斗争，而且帮助他人对抗死亡。然而，有时这样的人格原型会发展出一种非常自我中心的观点。一个因姐姐的死而深受影响的孩子，当被问到他想做什么时，我们预期的答案是他想成为一个医生，但他却回答说："一个掘墓人"。有人问他为什么要追求这个职业，他回答说："因为我想成为那个埋葬其他人的人，而不是那个被埋葬的人。"我们看到，这个目标处在生活中无用的一面，因为这个男孩只对自己感兴趣。

现在让我们来回顾一下，那些曾经娇生惯养的孩子们的早期记忆，这类人的早期记忆很清楚地反映了这个阶层的特点。这种类型的孩子经常提到他们的母亲，也许这是很自然的，但这是一种迹象，表明他必

第五章
早期记忆

须为一个有利的局面而奋斗。有时早期记忆似乎是无伤大雅的,但它们都值得分析。例如,有个人告诉你,"我当时坐在我的房间里,我的母亲站在柜子旁边。"这看起来并不重要,但他提到他的母亲表明这是他感兴趣的事情。有时描述母亲的话语更加隐蔽,因而这种研究更加复杂。我们得猜猜他妈妈是怎样的人。这个人可能会告诉你,"我记得我曾经旅行过。"如果你问他是谁陪他一起去的,你就会发现这个人是他的母亲。或者,如果孩子告诉我们,"我记得有一年夏天,我在乡下的某个地方",我们可以假定父亲在城里工作,母亲和孩子们在一起。我们可以问:"当时谁跟你在一起?"通过这种方式,我们经常看到母亲的潜在影响。

从对这些回忆的研究中,我们可以看到优先权方面的竞争,以及一个孩子是如何在他的成长过程中,开始重视他母亲给他的宠爱。这对我们理解个案是很重要的,因为如果孩子或成人告诉我们这些回忆,我们可以肯定,这些人总是觉得他们处于危险中,或别人会比他们更受欢迎。我们看到紧张情绪在增加,并且变得越来越明显，我们看到他们的心智过于集中在这个想法上。这样一个事实很重要：它表明在以后的生活中，这样的人会变得很容易嫉妒。

有时人们对某一点的兴趣高于其他的一切。例如，一个孩子可能会说，"有一天我必须照顾我的妹妹，我很想好好保护她。我把她放在桌子上，但是妹妹没坐稳，不小心摔了下来。"当时这个孩子只有四岁。当然，对于允许一个年长的孩子照看一个年幼的女孩而言，这还是一个很小的年纪。我们可以看到，年长孩子尽一切可能保护年幼孩子的生活是多么悲剧。这个年长的女孩长大了，嫁给了一个几乎可以说是听话的丈夫。但她总是嫉妒和挑剔，总是担心她的丈夫宁可选择别人。我们很容易理解她的丈夫对此会如何感到厌烦，从而把爱转移到孩子身上。

有时紧张情绪会更明显地表现出来，人们会记得他们其实是想伤害其他家庭成员，甚至是想杀死他们。这些人是只关心他们自己事情的人，他们不喜欢别人。他们对这些家庭成员有一种敌对的感觉，这种感觉已经存在于其人格原型中了。

第五章
早期记忆

有一种人，他永远无法完成任何事情，因为他害怕在友谊中别人会更受欢迎，或者他怀疑别人总是试图超越他。他永远不可能真正成为社会的一部分，因为他总觉得别人可能会比他更出色、更受欢迎。在任何职业中，他都非常紧张。这种态度在爱情和婚姻方面尤其明显。

即使我们不能完全治愈这样的人，但通过研究早期记忆的特定技巧，我们可以使他们有所改善。

采用我们的治疗方法的被试之一，是我们在另一章里描述的那个男孩。有一天他和母亲、弟弟一起去市场。天空开始下雨，妈妈把他抱在怀里，但是，当妈妈注意到弟弟，妈妈就把他放了下来，抱起了年幼的孩子。因此，他觉得弟弟更受妈妈喜欢。

如果我们能获得这些早期记忆，就能预测一个人在以后的生活中会发生什么。然而，我们必须记住，一个人的**早期记忆不是原因，只是提示**，它们是有关一个人过去发生了什么以及他是如何成长的，它们表明了一个人是如何朝着一个目标前进以及需要克服的障碍，它们表明了一个人是如何变得对生活的一方面比另一方面更感兴趣的。举例来说，我们可能会看到他在性发展方面有创伤，因而他对这种事情比别人更感兴趣。当我们询问其早期记忆时，如果听到一些性经历，就不会感到吃惊。在很小的时候，有些人对性的兴趣就比其他人更浓。对性感兴趣是人类行为中非常正常的一部分，但是，正如我之前说过的，兴趣有很多不同的种类和程度。我们经常发现，在来访者告诉我们关于性的记忆的个案中，他后来往往会朝着这个方向发展，由此产生的生活并不和谐，因为他将性看得太重了。有些人坚持认为一切都以性为基础。还有一些人坚持认为胃是最重要的器官，我们会发现在这样的例子里，其早期记忆也会有类似的特征。

从前有个男孩，他如何进入高中上学的问题一直是个谜。他不断地活动，好像永远也不会安静下来学习。他总是想着别的事情，在他应该学习的时候，他却经常去咖啡馆，或者去朋友家拜访。研究一下他的早期记忆是很有趣的。他说："我还记得我躺在摇篮里看着墙壁。我注意到了墙上的那张纸，上面画着各种

第五章
早期记忆

花、人像，等等。"这个人只适合躺在摇篮里，而没有准备好参加考试。他无法集中精力学习，因为他总是想着其他事情，并试图同时追赶两只兔子，而这是不可能的。我们可以看到，这个人是一个被娇惯的孩子，他不能单独工作。

现在我们来谈谈那个让人厌恶的孩子。这种类型很少见，往往代表着极端情况。如果一个孩子从一生下来就真的被人讨厌，他根本活不下来。这样的孩子是会死的。通常孩子都有父母或护士在一定程度上宠爱他们，满足他们的欲望。我们发现那些被憎恨的孩子常常是私生子、罪犯和被抛弃的孩子，我们经常看到这些孩子变得很抑郁。我们常常在他们的记忆中发现这种被憎恨的感觉。例如，有个男人说："我记得我被打屁股了；母亲骂我、批评我，直到我离家出走。"在逃跑的时候，他差点被淹死。

这个人来找心理医生，是因为他不能离开自己的家。从他的早期记忆中，我们可以看出，他出去过一次，但遇到了极大的危险。这在他的记忆中根深蒂固，而且他经常在外出时寻找危险。他是一个聪明的孩子，但总是担心自己考不到第一名。所以他卡住了，进行不下去了。当他最终进入大学时，他担心自己不能按规定的方式与人竞争。我们可以看到这一切都可以追溯到他与危险有关的早期记忆。

另一个可以被视为例证的案例，是关于一个孤儿的。他的父母在他大约一岁时就去世了。他患有佝偻病，而且住在收容所，因而他没有得到适当的照料。没有人照顾他，之后的生活中他也很难交到朋友或同伴。回顾他的记忆，我们看到，他总是觉得别人更讨人喜欢。这种感觉在他的成长过程中起了非常重要的作用。他总是感到厌恶，这妨碍了他处理所有的问题。由于他的自卑，他被排除在一切问题和生活情境之外，诸如爱情、婚姻、友谊、事业——所有这些需要同他的伙伴们打交道的事情。

另一个有趣的例子是一个中年男人，他总是抱怨睡眠不足。他四十多岁，已婚，有孩子。他对每个人都很挑剔，总是想要专横跋扈，尤其是对他的家人。他的行为让每个人都感到痛苦。

第五章
早期记忆

当问起他的早期记忆时,他说,他成长在一个父母总是吵架的家庭,他们总是打架、威胁对方,所以他对他们俩都很害怕。他上学的时候,又脏又没人照顾。有一天,他平时上课的老师没来,一个代课老师代替了她。这个代课老师对自己的工作任务和可能性很感兴趣,她认为这是一项高尚的工作。她在这个粗野的孩子身上看到了种种可能性,就去鼓励他。这是他有生以来第一次得到这样的对待。从那时起,他开始进步了,但他总是感觉被人从后面推着。他并不真的相信自己能超越别人,所以他白天工作,晚上也工作到半夜。在这样的成长过程中,他习惯了用半夜的时间去工作,或者根本不睡觉,而用这个时间思考他必须做的事情。结果,他越来越认为,为了达到目的,必须整夜不睡。

我们后来看到,他对优越的追求表现在他对家庭的态度和对他人的行为上。他的家人比他弱,他可以在他们面前以征服者的样子出现。他的妻子和孩子不可避免地受到了这种行为方式的影响。

总的来说,这个人的整体性格中有一个优越目标,这也是一个有强烈自卑感的人会有的目标。我们经常在过度劳累的个体身上发现这样的目标。他们的紧张是他们对自己成功的怀疑，而他们的怀疑反过来又被一种优越情结所掩盖，**优越情结其实是一种优越姿态**。对早期记忆的研究揭示了这种真实情况。

第六章 态度与行动

如果一个人是勇敢的,即便遭受失败,他也不会那么受伤,但对一个羞怯的人而言,当他看到前面的困难时,就会逃避到生活中无用的一面。

在上一章中，我们列举了早期记忆和幻想的种类，用以阐明个人的潜在生活风格。对早期记忆的研究只是对人格研究的其中一种策略，它们都依赖于使用独立的部分来解释整体。除了早期记忆，我们还可以观察一个人的行动和态度。这些行动本身是表现或嵌入在态度之中的，而这些态度又表现出一个人整体的生活态度，这种态度构成了我们所说的生活方式。

让我们先谈谈身体活动。每个人都知道，我们判断一个人可以通过他站立、行走、移动、表达自己等方式。我们并不总能有意识地作出判断，但是对于这些印象，人们总是会产生一些同情或反感的感受。

例如站立所传达的态度。我们很快就能注意到，

第六章
态度与行动

孩子或大人是否站直了，他是否驼背或有弯曲，这并不太难。但我们必须特别注意夸张之处。如果一个人站得太直，保持一个伸展的姿势，会让我们怀疑他在做这个姿势时用了太多的力量。我们可以假设，这个人感觉自己远没有他想要表现得那么强大。在这一点上，我们可以看到他如何反映了我们所说的优越情结。他想表现得更勇敢——如果他不那么紧张的话，他可能想要更多地表达自己。

另外，我们也看到一些人的姿势正好相反——他们看起来弯着腰，总是弯着腰。这种姿势在某种程度上意味着他们是懦夫。但是出于我们的研究技艺和科学原则，我们应该更加谨慎，寻找其他观点，而不是单凭一个因素就作判断。有时我们感到我们肯定是正确的，但仍然要用其他观点来证实我们的判断。我们会问："我们坚持认为弯腰的人都是懦夫，这是对的吗？在某些困难情境下，我们能期望他们什么呢？"

从另一个角度看，我们会注意到这样的人总是试图依靠在某物上，比如靠在桌子或椅子上。他不相信自己的力量，但希望得到支持。这反映了与他站歪时同样的心态，所以当我们发现这两种行为在一个人身上都出现时，我们的判断多少得到了证实。

我们会发现，想要一直被支持的孩子和独立孩子的姿势是不一样的。我们可以通过一个孩子如何站立，如何与他人接触，来判断他独立的程度。在这样的案例中，我们不需要怀疑，因为我们有许多可能性来证实我们的结论。一旦我们确认了我们的结论，我们就可以采取措施纠正这种情况，让孩子走上正确的道路。

因此，我们可以对这样一个想要被支持的孩子进行实验。让他的妈妈坐在椅子上，然后让孩子进房间。我们会发现，他不会看任何人，而是直接走向他的妈妈，靠在椅子上，或靠着他妈妈。这证实了我们预计的孩子想要得到支持这一点。

留意孩子的靠近方式也很有趣，因为它显示了一个人的社会兴趣和社会适应程度，也表达了孩子对他人的信任。我们会发现，一个不愿意接近别人，总是远远地站着的人，在其他方面也是有所保留的。我们会发现他很少说话，而且异乎寻常地沉默。

第六章
态度与行动

我们可以看到,所有这些事物是如何指向同一个方向的,因为每个人都是一个整体,对生活问题都是这样反应的。为了说明这一点,让我们以一位看医生的妇女为例。医生以为她会坐得离他近一点,可当医生请她坐下时,她看了看四周,坐到了远处。我们只能得出一个结论,即这个人只想与一个人联系。她说她已经结婚了,从这一信息可以推测出整个故事。可以猜到,她只想和丈夫保持联系。也可以猜到,她想要得到宠爱,她是那种会非常严格地要求她的丈夫,并总是准时回家的人。如果她独自一人,她将承受巨大的焦虑,她永远不想独自走出家门,也不喜欢看到其他人。简而言之,从她的一个身体动作我们就可以猜出整个故事。但我们也有方法来证实我们的理论。

她可能会告诉我们:"我正饱受焦虑之苦。"没有人明白这意味着什么,除非她知道焦虑可以被用作掌控另一个人的武器。如果一个人患有焦虑症,我们可以猜测,有另一个人在支持这个孩子或成人。

曾经有一对夫妇坚持认为他们是自由思想者。他们相信每个人都可以在婚姻中做自己想做的事,只要每个人都告诉对方发生了什么。结果，丈夫有了外遇，并把所有的事情都告诉了妻子。妻子一开始似乎很满意，但后来她开始感到焦虑。她不愿单独外出，她的丈夫必须总是和她一起去。我们可以看到，这种自由的想法是如何被焦虑或恐惧改变的。

有些人永远待在房子的墙角，并且靠在墙上。这表明他们不够勇敢，不够独立。让我们来分析这样一个胆怯而犹豫的人的人格原型。有个男孩来到学校，他看起来很害羞。这是一个重要的信号，即他不想与别人联系。他没有朋友，而且总是等着放学。他走得很慢，下楼时会靠着墙，看看下面的街道，然后奔向自己的家。他在学校里不是一个好学生，事实上，他的功课很差，因为他在学校里感到很不快乐。他总是想回家，回到他母亲的身边，他的母亲是个单亲妈妈，非常娇惯他。

为了更多地了解这个患者，医生去和他母亲谈话。医生问道："他想睡觉吗？"她说："是的。""他夜里哭吗？""没有。""他尿床吗？""没有。"

第六章
态度与行动

医生认为要么他错了，要么那个男孩错了。然后他得出结论，男孩一定是和他的母亲睡在一张床上。这个结论是如何得出的？晚上哭闹是为了得到母亲的关注。如果他睡在母亲的床上，哭就是不必要的。同样地，尿床也会得到母亲的注意。医生的结论得到了证实：男孩和他的母亲睡在一张床上。

如果我们仔细观察，就会发现心理学家关注的所有小事，都是一个人长期生活的计划的一部分。 因此，当我们看到孩子的目标总是与他母亲联系在一起时，我们可以得出很多结论。我们可以通过这种方法判断一个孩子是否意志薄弱。一个意志薄弱的孩子是不可能建立一个聪明的人生规划的。

现在，让我们转向人与人之间隐约可辨的精神状态。有些人或多或少是好胜的，也有些人有想放弃自己的精神状态。然而，我们从来没有看到一个人真正放弃。这是不可能的，因为它超越了人类本性。正常人不会放弃。如果他看起来这么做了，这表明他比其他人进行了更多斗争。

有一种孩子总是想放弃。他通常是家庭关注的焦点，每个人都要关心他、推动他前进、劝告他。他在生活中肯定总是得到支持，并且总是别人的负担。这是他的优越目标，他用这种方式表达了他控制别人的欲望。这种优越目标当然是自卑情结的结果，正如我们已经说过的那样。如果他不怀疑自己的力量，他就不会走这条捷径来获得成功。

有一个十七岁的男孩就有这种特点。他是家里年龄最大的孩子。我们已经了解了最年长的孩子通常是如何经历一场悲剧的，这种悲剧是另一个孩子的到来取代了他在家庭中情感中心的地位造成的。这个男孩就是这样。他非常沮丧，脾气暴躁，无所事事。有一天他想到了自杀。不久之后，他去看医生，说他在尝试自杀之前做了一个梦，他梦见他杀死了自己的父亲。我们看到这样一个沮丧、懒惰、一动不动的人，在他的头脑中始终有着活跃的可能性。我们也看到所有这些在学校里懒惰的孩子，以及所有似乎什么都不会做的懒惰成人，他们可能正处于危险的边缘。懒惰通常只是表面上的悲伤，一旦发生了一些事情，他们要么

第六章
态度与行动

有自杀企图,要么会患上神经症。要弄清这些人的心理态度,有时是一项艰巨的科学任务。

孩子的羞怯是另一件充满危险的事情。羞怯的孩子肯定得到了小心翼翼的照料。这种羞怯心理必须被纠正,否则会毁了他的一生。他将总是遇到很大的困难,除非他的羞怯得到纠正。因为在我们的文化中,这件事是如此确定,即只有勇敢的人才能得到好结果和生活中的好处。**如果一个人是勇敢的,即便遭受失败,他也不会那么受伤,但对一个羞怯的人而言,当他看到前面的困难时,就会逃避到生活中无用的一面。**这样的孩子在以后的生活中会变得神经质或精神失常。我们看到这样的人带着一种羞愧的气氛,当他们和别人在一起时,他们会口吃、不说话或者完全避开别人。

前面我们描述的特征是心理态度,它们不是天生或遗传的,而是对某一情境的简单反应。一个特定的特征是,**我的生活方式给出了我理解的对自己所面临问题的答案**。当然,这并不总是哲学家所期望的合乎逻辑的答案。这是我的童年经历和曾经的错误让我得出的答案。

相比于正常的成年人，我们可以看到，这些态度的作用是如何在儿童或异常人群身上建立起来的。正如我们所看到的，人格原型比后来形成的生活方式更加清晰和简单。事实上，人们可以把人格原型功能比作一个未成熟的水果，它将吸收所有东西，比如肥料、水、食物和空气。所有这些都将在发展过程中被吸收。人格原型和生活方式之间的区别就像一个未成熟水果和一个成熟水果之间的区别。人类在水果未成熟的阶段更容易打开来检查，但它揭示的内容，很大程度上在成熟水果的阶段也是有效的。

例如，我们可以看到，一个在生命初期很胆小的孩子，是如何在他所有态度中表现出这种胆怯的。一个不同的世界，把怯懦的孩子和好胜的孩子分开了。好胜的孩子总有一定程度的勇气，这种勇气是常识的自然产物。然而，有时，一个非常胆小的孩子可能会在某些情况下表现得像个英雄。每当他刻意想要获得第一名时，这种情况就会发生。从一个不会游泳的小男孩的事例中我们就能清楚地看到这一点。有一天，他与一群邀请他游泳的男孩们一起去游泳了。水很深，

第六章
态度与行动

这个不会游泳的男孩几乎要淹死了。这当然不是真正的勇气，而是生活中无用的一面。这个男孩这样做，只是因为他想被人崇拜。他不顾自己的安全，并期待其他人能救他。

勇气与胆怯的问题在心理学上与宿命论的信仰密切相关。对宿命论的信仰影响着我们有效行动的能力。有些人有这样的优越感，他们认为他们可以实现任何事情。他们什么都知道，而且什么都不想学。我们都知道这些想法的结果。在学校里，有这种感觉的孩子通常成绩很差。还有一些人总是想尝试最危险的事情，他们觉得什么事都不会发生在他们身上，他们忍受不了失败，而结果往往是不好的。

我们发现这种宿命论的感觉容易存在于这样的人当中：无论什么时候，可怕的事情发生在他们的生活中，他们都不会受到伤害。例如，他们可能遭遇了一场严重的事故，但却没有死。因此，他们觉得自己命中注定要达到更高的目标。曾经有一个人有这样的感觉，但在经历了一场与他的预期不同的经历后，他失去了勇气，变得沮丧而忧郁，因为他失去了最重要的支持。

当问及他早年的记忆时,他讲述了一次非常重要的经历。他说,有一次他要去维也纳的一家剧院,但去之前必须先处理一些别的事情。当他最后到达剧院时,剧院已经被烧毁了。一切都结束了,但他得救了。我们可以很容易理解这样的人是如何觉得自己注定要追求更高的目标的。一切都很顺利,直到他和妻子的关系破裂,然后他崩溃了。

对于宿命论信念的重要性,有很多可论述的,它能影响每个人甚至整个民族和文明,但就个体心理学的角度,我们只想指出它与心理活动的渊源,以及和生活方式的关联。宿命论的信念在很多方面都是一种胆怯行为,它使人逃避奋斗,逃避沿着有用的路线活动。因此,它将被证明是一个错误。

嫉妒的心态是影响我们与同伴关系的一种基本心态。**嫉妒是自卑的标志**。的确,我们每个人的性格中都有一定程度的嫉妒。少量的嫉妒是无害的,也是很常见的。然而,我们需要这种嫉妒是有用的嫉妒。它

第六章
态度与行动

必须是有益工作的结果,是进取的结果,是面对问题的结果。在这种情况下,它不是没有用的。因为这个原因,我们应该原谅我们所有人身上存在的那点嫉妒。但也有一些没用的心态,比如当一个女孩想要被叫一个男孩的名字,而不是一个女孩的名字。如果别人不叫她们自己选择的男孩名字,这些女孩会非常生气。

此外,**嫉妒是一种更加困难和危险的心理态度,因为它不能带来有用的结果**。没有什么方法能让一个嫉妒的人做成有用的事。

此外,我们看到**嫉妒是一种巨大而深刻的自卑感的结果**。一个嫉妒的人害怕自己无法控制他的同伴,所以当他想以某种方式影响伴侣时,他嫉妒的表达就暴露了他的弱点。如果我们看这个人的人格原型,我们会感受到一种缺少点什么的感觉。事实上,每当我们遇到嫉妒的人,我们最好回顾一下他们的过去,看看我们是否与一个预期自己会被再次取代的人有关。

我们讨论完嫉妒的一般性问题,现在来思考一种非常特殊的嫉妒——女性对男性的优越社会地位的嫉妒。我们发现，很多女性想成为男性。这种态度是非常可以理解的，因为如果公正地看待一切，我们可以看到，在我们的文化中，男人总是处于领先地位；他们总是比女人更受赞赏、重视和尊重。从道德上来说，这是不对的，应该加以纠正。女孩们发现，男性在家里都很舒服，不用为小事烦恼。她们也看到男性在很多方面都更自由，而男性这种在自由方面的优越让她们对自己的角色感到不满。因此，她们尽量表现得像男孩子。这种对男孩的模仿可能会以各种方式出现。例如，我们看到她们试图穿得像男孩子，这方面有时会得到父母的支持，因为确实，男孩的衣服穿起来更舒适。有很多这样的行为是有益的，不必阻止。但假如它反映了一些表面之下的东西，而不是一个纯粹的恶作剧，那么这种态度将是非常危险的。在这种情况下，它可能在以后的生活中表现为对性别角色的不满和对婚姻的厌恶，或在结婚后表现为对女性性别角色的厌恶。人们不应该指责女性穿短款衣服，因为这是一种优势。对她们来说，在许多方面像男人一样发展，并且像男人一样拥有工作，也很合适。但是，对她们来说，不满足于自己的女性角色而试图学会男人的恶

第六章
态度与行动

习，将是很危险的。

这种危险的倾向在青少年时期开始出现，那个时候起，人格原型就会受影响。女孩不成熟的心智变得嫉妒男孩的特权，它以模仿男孩的方式做出反应。于是这变成了一种优越情结，它是对正常发展的逃避。

正如我们所说，这可能导致女性对爱情和婚姻产生巨大厌恶。但这并不是说，有这种厌恶感的女孩就不想结婚，因为在我们的文化中，不结婚被认为是失败的标志。即使是对婚姻不感兴趣的女孩也想结婚。

一个相信根据平等原则调节两性关系基础的人，不应该鼓励女性的"男性抗议"。两性平等应该符合事物的自然规律，而对男性的抗议是对现实的盲目反抗，因此是一种优越情结。事实上，通过这种男权抗议，所有的性别功能都会被扰乱和影响。这会引发很多严重的症状，如果我们追溯它们的源头，我们会看到，这种情况开始于童年。

我们也会遇到想成为女孩的男孩，尽管这一现象不像女孩想成为男孩那样常见。他们想模仿的不是普通女孩，而是那种用夸张的方式调情的女孩。这样的男孩用粉扑，戴着花，并试图表现出一个轻浮女孩的举止。这也是某种形式的优越情结。

事实上，我们发现，在许多这样的案例中，这类男孩成长于以女性为主的环境中。这样，男孩长大后就会模仿母亲的特点，而不是父亲的。

有个男孩因为某些性方面的困扰来咨询。他说他总是和母亲在一起，父亲在家里几乎是个无足轻重的人。他的母亲结婚前是个裁缝，结婚后还继续着她的职业。总是在她身边的男孩对她做的东西很感兴趣，他开始为女性缝制衣服和画样衣。他在四岁的时候就学会了报时，因为他母亲总是四点钟出去，五点钟回来，从中也可以看出他对母亲有多感兴趣。被看到母亲回来的喜悦驱使，他学会了看钟。

后来，当他去上学时，他表现得像个女孩。他不参加任何体育活动或游戏。孩子们取笑他，有时甚至亲吻他，就像他们经常做的那样。有一天，他们要演一出戏剧，就像我们想的那样，这个男孩扮演的是一

第六章
态度与行动

个女孩,他的表演如此之好,以至于许多观众真的认为他是一个女孩,观众中甚至有一个男人爱上了他。通过这种方式,这个男孩明白了,即使他作为一个男人得不到人们的赞赏,他作为一个女人也会得到人们的赞赏。这就是他后来产生性困扰的起源。

第七章
梦与梦的解析

梦是一座桥梁,连接着做梦的人面临的问题和他想要实现的目标。

第七章
梦与梦的解析

正如我们已经在许多情境中解释过的那样，对个体心理学来说，有意识和无意识形成了一个统一的整体。在前面两章中，我们已经以个体为单位解释了有意识的部分——记忆、态度和行动。现在，我们将用同样的方法来解释无意识或潜意识的生活——我们梦中的生活。这种方法的合理性在于，**我们梦里的生活和我们现实的生活一样，都是整体的一部分，不多也不少。**其他心理流派的追随者不断尝试寻找关于梦的新观点，但我们对梦的理解，与我们对表现在心理表达和行动中的所有组成部分的理解一样，是沿着同样的思路发展的。

历史上，梦对人们来说总是显得非常神秘，他们通常将之归于预言性解释。梦被认为是对将要发生的事情的预言。这种说法有一半是真的。的确，**梦是一座桥梁，连接着做梦的人面临的问题和他想要实现的目标**。这样，梦想常常会实现，因为做梦的人会在梦中训练自己的这个部分，从而为梦的实现做准备。

我们已经看到，正如我们清醒时的生活是由优越目标所决定的一样，梦也是由优越的个人目标所决定的。**梦是生活方式的一部分**，我们也总是发现其中包含着人格原型。事实上，只有当你看到人格原型是如何绑定到一个特定的梦的，你才可以确定你已经真正理解了这个梦。此外，如果你很了解一个人，你几乎可以猜出他的梦的特征。

举个例子，我们对于人类的一个整体认识是，人类真的很胆怯。根据这一普遍事实，我们可以假定，大多数梦境是与恐惧、危险或焦虑有关的。因此，如果我们认识一个人，并看到他的目标是逃避生活问题的解决，我们可以猜测，他经常会梦见自己坠落的情形。这样的梦就像对他的警告："不要继续下去，你会失败的。"他通过坠落来表达自己对未来的看法。大多

第七章
梦与梦的解析

数人都做过关于坠落的梦。

一个具体的例子是考试前夕的一个学生——他是一个半途而废的学生。我们能猜到在他身上会发生什么。他整天忧心忡忡，无法集中注意力，最后他对自己说："时间太少了。"他想延迟考试，他可能会做一个关于坠落的梦。这表达了他的生活方式，为了实现他的目标，他肯定也以这样的方式做梦。

拿另一个在学习上有进步的学生来说，他勇敢无畏，从不给自己找借口。我们也可以猜测他的梦。在考试之前，他会梦见自己在爬一座高山，并沉醉在山顶的景色中，他以这种方式醒来。这是一种对他当前生活的表达，我们可以看到它是如何反映他的成就目标的。

还有一个例子是关于一个被限制住的人——这个人只能前进到某一点。这个人会梦见被限制，梦见自己无法逃离一些人和一些困难，也经常梦见自己被人追赶或追捕。

在我们继续研究下一种梦境之前，需要指出的是，如果有人对心理学家说："我不会告诉你任何梦境，因为我不记得了。但我会编一些梦。"心理学家知道，他的幻想只能创造出他的生活方式所要求的东西。他虚构的梦就像他真正记住的梦一样有用，因为他的想象和幻想也是他生活方式的一种表达。

幻想不需要照搬一个人的真实行动来表现他的生活方式。 例如，我们发现，这类人更多地生活在幻想中，而不是现实中。他是那种在白天非常胆小，但在梦里相当勇敢的人。但我们总会发现一些表现，表明他不想完成他的工作。即使在他英勇的梦中，这种表现也会相当明显。

梦的目的永远是为优越目标铺平道路——也就是说，个人与优越有关的私人目标。**一个人的所有症状、行动和梦都是一种练习，目的是让一个人找到这个主要目标——成为注意力的中心、统治的中心或逃避的中心。**

梦的目的从不会合乎逻辑或符合真实，它的存在是为了创造一种特定的感觉、情绪或情感，要完全揭开它的奥秘是不可能的。但在这一点上，它不同于现

第七章
梦与梦的解析

实生活,现实生活的变动只是程度不同,而不是种类不同。我们已经看到,个体的心理对生活问题的答案是相对于个体的生活方案的:它们不符合预先已建立的逻辑框架,尽管这是我们的目标,即为了社会交往的目的,使它们越来越多地按照这个目的行动。现在,一旦我们放弃了现实生活的绝对视角,梦中的生活也就失去了它的神秘性。它成为我们在现实生活中发现的,混合着事实和情绪的进一步表达。

另一种说法是,梦中的相互联系和现实生活中是一样的。如果一个人足够敏锐和聪明,他可以预见未来,无论他是通过分析他的现实生活还是分析梦里的生活。他要做的是判断。例如,如果某人梦见一个熟人去世了,而这个人确实死了,这可能只是医生或近亲可以预见的。**做梦者所做的是在睡梦中思考,而不是在醒着时思考。**

梦的预言是一种迷信,正是由于它包含了一定的半真半假。通常那些相信其他迷信的人也会相信梦。或者,它是那些通过给人以预言家的印象来寻求重要性的人所拥护的。

为了消除关于梦的迷信和神秘感，我们必须解释为什么大多数人不理解他们自己的梦。这种解释是基于这样一个事实，即，即便在现实生活中，也很少有人能够看清自己。很少有人具有自我分析的反思能力，能看清自己的方向，正如我们所说，分析梦是一件比分析现实行为更复杂、更模糊的事。因此，对梦的分析超出大多数人的能力范围也就不足为奇了，也难怪他们对所涉及的事情一无所知，转而求助于江湖骗子。

如果我们不直接把梦与正常的清醒生活的活动作比较，而是把梦与我们在前几章中描述为个人智慧的表现的一些现象作比较，将会有助于我们理解梦的逻辑。读者应该还记得我们是如何描述罪犯、问题儿童和神经症患者的处世态度的——他们如何创造一种感情、脾气或情绪，以使自己相信一个给定的事实。因此，凶手会为自己辩护说："生活中没有这个人的容身之地，所以我必须杀了他。"通过在他的脑海中强调地球上没有足够的空间的观点，他创造了一种为谋杀做准备的感觉。

第七章
梦与梦的解析

这样的人也可能会把理由归结为某某人的裤子很好看,而他没有。他很看重这种情况,以至于他变得很嫉妒。他的优越目标变成了拥有漂亮的裤子,所以我们发现,他做了一个梦,梦里他创造了某种情绪,这种情绪将导向目标的实现。事实上,我们可以在一些著名的梦中看到这一点。例如,《圣经·旧约》中描写的约瑟的梦。他梦见所有人都在他面前俯身,现在我们可以看到这个梦是如何与他得到彩色的外衣和被他的兄弟们流放的整个情节相适应的。

另一个著名的梦是希腊诗人西蒙尼德斯(Simonides)所做的梦,他被邀请去小亚细亚演讲。他犹豫不决,不断推迟行程,尽管船已经在港口等着他。他的朋友们想让他去,但没有用。然后他做了一个梦。他梦见从前在森林里发现的一个死人出现在他面前,对他说:"因为你在森林里是那么虔诚,那么关心我,所以我警告你不要去小亚细亚。"西蒙尼德斯起身说:"我不去了。"但是在他做这个梦之前,他就已经不想去了。他只是创造了一种情感或情绪,来支持他已经得出的结论,尽管他并不理解自己的梦。

如果一个人很清楚自己是为了自我欺骗而创造某种幻想，最终这会产生一种自己想要的感觉或情绪。通常这就是我们在梦里记得的全部。

在思考西蒙尼德斯的这个梦时，我们要说到另一个点：什么是正确的解梦程序。首先，我们必须牢记，梦是一个人创造力的一部分。西蒙尼德斯在梦中用他的想象创建了一个顺序。他选择了死者的故事，为什么这个诗人要从他所有的经历中挑选出一个死者的经历呢？显然是因为他非常在意死亡的想法，因为他一想到坐船就害怕。在那个时代，海上航行代表着真正的危险，所以他犹豫了。这表明，他可能不仅害怕晕船，还担心船会沉没。由于这种对死亡的思考，他的梦选择了死者的情节。

如果我们以这种方式来思考梦，释梦的任务就不会变得太难。我们应该记住，**图片、记忆和幻想的选择指示了我们心智运动的方向**。它向你展示了做梦者的倾向，最终我们可以看到他想要抵达的目标。

例如，让我们来思考一个已婚男人的梦。他不满

第七章
梦与梦的解析

意他的家庭生活，他有两个孩子，但他总是担心，认为他的妻子不照顾他们，而对其他事情太感兴趣。他总是在这些事情上批评他的妻子，并试图改变她。一天晚上，他梦见自己有了第三个孩子。这孩子走丢了，找不到了。他责备了他的妻子，因为她不照顾这个孩子。

在这里我们可以看到他的倾向：他认为两个孩子中的一个可能会迷路，但他没有足够的勇气使其中一个孩子成为他梦中的一个。所以他虚构了第三个孩子，并让他迷路了。

另一个值得注意的点是，他喜欢他的孩子们，不希望他们迷路。他还觉得他的妻子对于两个孩子已经感到负担过重了，无法照顾三个孩子，如果有第三个孩子，他可能会死掉。因此，我们发现了这个梦的另一个方面，可以这么解释："我应该要第三个孩子吗？"

这个梦的真正结果是他出现了对妻子的反感情绪。虽然没有一个孩子真正迷路了，但是他早上起床时对妻子有一种批评和敌视的感觉。因此，人们经常在早上起床时，因为晚上的梦所产生的情绪而变得爱争吵和爱批评。这是一种沉浸状态，跟人们在忧郁症中所看到的没什么两样，在忧郁症中，患者沉浸在失败、死亡和一切失落的想法中。

我们也可以看到，这个人选择的东西，肯定是让他感到优越的，举例来说，他感觉"我很关心孩子，但我的妻子不是，结果有一个孩子走丢了"。因此，他的控制倾向在他的梦境中显露出来了。

对梦的现代诠释大约只出现了二十五年。梦最初被弗洛伊德认为是人在婴儿时期性欲的满足。我们不同意这一点，因为如果梦是这样的一种满足，那么所有事物都可以表达为一种满足。每一种想法都是从潜意识深处向上进入意识的。因此，性满足的理论并没有特别解释什么具体的事。

后来弗洛伊德认为，还要将死亡驱力纳入梦境。但可以肯定的是，最后这个梦不能用这种方式得到好的解释，因为我们不能说父亲想让孩子迷路而死。

第七章
梦与梦的解析

事实是，除了我们已经讨论过的关于精神生活的统一性和梦中特殊情感特征的一般假设之外，没有一个特定的公式可以解释梦。这种情感特征及其伴随的自我掩饰是一个有许多变量的主题。因此，梦境往往充满比较和隐喻。比较的使用是欺骗自己和他人的最好方法之一。因为我们可以确信，如果一个人使用比较，就表明他不确定自己能用事实和逻辑来说服你，他总是想通过无用而牵强的对比来影响你。

即便是诗人也会骗人，但这种欺骗是让人感到愉快的，而我们也喜欢他们的隐喻和诗意的对比。然而，我们可以肯定的是，它们对我们的影响，比普通的语言对我们的影响要大得多。例如，如果荷马说希腊士兵的军队像狮子一样占领了一片田野，当我们敏锐地思考时，这个比喻不会骗到我们，但当我们处于诗情画意的心情中时，它肯定会使我们沉醉其中。作者使我们相信他有非凡的能力。如果他只是描述士兵们穿的什么衣服和拿的什么武器，他就做不到这样了。

我们在解释事物有困难的人身上看到了同样的现象：如果他感到他不能说服你，他就会使用比较。这种比较的使用，正如我们所说，是自欺欺人的，这就是为什么它在梦境中如此显著地表现在形象和画面的选择上。这是一种很艺术的自我陶醉方式。

事实上，奇怪的是，**梦在情感上非常令人陶醉的这一事实反而提供了一种防止做梦的方法。**如果一个人明白了自己一直在做什么梦，意识到自己一直在自我陶醉，他就会停止做梦。做梦对他来说不再有任何意义。至少本书的作者是这样的，**当他意识到做梦是什么意思的时候，他就停止做梦了。**

顺便说一句，这种认识要有效，必须有一个彻底的情感转向。就作者而言，这个想法是由他最后的一个梦带来的。这个梦发生在战争时期，为了履行他的职责，他在努力阻止某个人被派到危险的前线去。在梦中，他发觉自己杀了某个人，但他不知道这个人是谁。他让自己陷入一种糟糕的状态，想知道"我杀了谁"。事实上，他只是沉醉于一个想法，即尽最大的努

第七章
梦与梦的解析

力使士兵处于最有利的位置，以避免死亡。梦里的情感是有利于这个想法的，但是当他理解了梦的诡计，他放下了这个梦，因为他不需要欺骗自己，以便做那些理智上他可能想做或不想做的事。

我们所说的可以作为一个经常被问到的问题的答案，即"为什么有些人从不做梦？"因为这些人不想欺骗自己。他们常常使用行动和逻辑，也想直接面对问题。这类人如果做梦，往往很快就会忘记自己的梦。他们忘记得太快，以至于他们觉得自己没有做梦。

这就提出了一个理论，即我们总是做梦，而且我们忘记了大部分的梦。如果我们接受这种理论，就会对有些人从不做梦的事实有不同的理解：他们会做梦，但总是忘记自己的梦。本书作者不接受这种理论。他宁可相信有些人从来不做梦，也有些做梦的人有时会忘记自己的梦。从这个个案的性质来看，这样的理论是难以反驳的，但也许证明的责任应该放在该理论的发起者身上。

为什么我们会反复做同样的梦？这是一个有趣的事实，但目前还没有明确的解释。然而，在这样重复的梦中，我们能够更清晰地找到做梦者表达的生活方式。这样一个重复的梦给了我们一个明确且不会出错的指示，这里包含了优越的个人目标。

对于长时间、持续的梦，我们要相信这是因为做梦的人还没有完全准备好，他正在寻找问题和实现目标之间的桥梁。因此，最容易理解的梦是短暂的梦，它显示了做梦者是如何真正地试图找到一条捷径来蒙蔽自己。

最后，我们可以来谈谈睡眠问题。很多人都会向自己提出关于睡眠的不必要的问题。他们以为睡眠是醒着的对立面，是"死亡的兄弟"。但这种看法是错误的。睡眠不是清醒的对立面，而是清醒的程度。我们在睡眠中并没有脱离生活。相反，我们在睡眠中思考、倾听。一个人在睡着和醒着的生活中通常都有同样的倾向。因而，有些母亲不会被街上的任何噪声吵醒，但如果孩子们动一下，她们就会立刻跳起来，我们可以看到她们的关心实际上是觉醒着的。从我们不会从

第七章
梦与梦的解析

床上掉下来这一事实也可以看出，我们意识到了睡眠的有限性。

整个人格都在夜以继日地被表达出来，这解释了催眠现象。神奇力量中出现的迷信对大多数人来说无非是各种各样的睡眠。但这是一种变相的睡眠，是一个人想服从另一个人，并知道对方想让他睡觉。一个简单的催眠形式是，当父母说，"现在该睡觉了！"孩子们就服从。在催眠状态下，这一结果发生也是因为人们服从了。与人的顺从相称的，是他被催眠时的放松状态。

在催眠中，我们有机会使一个人创造出图画、想法、回忆，而这些是他在清醒时做不到的。我们对被催眠者唯一的要求就是服从。通过这种方法，我们可以找到一些可能已经忘记的早期记忆。

然而，作为一种治疗方法，催眠也有其危险。本书作者不喜欢催眠，只有当患者不相信其他方法时才使用它。你会发现被催眠的人是相当有报复心的。一开始，他们克服了困难，但他们并没有真正改变他们的生活方式。催眠就像一种毒品或一种机械手段：人的真实本性没有被触及。如果我们真的要帮助他，我们所要做的就是给一个人勇气、自信和更好地了解他的错误。而催眠做不到这一点，除了一些罕见的情况，催眠不应该被使用。

第八章 问题儿童及其教育

教育,无论是在家里还是在学校进行的,都是一种旨在培养和指导个人人格的尝试。

我们应该如何教育我们的孩子？这也许是当今社会生活中最重要的问题。对于这个问题，个体心理学有很多贡献。**教育，无论是在家里还是在学校进行的，都是一种旨在培养和指导个人人格的尝试。**因此，心理科学为恰当的教育方法提供了必要依据，或者说，如果我们愿意的话，我们可以把所有的教育看作是生活的广阔心理艺术的一个分支。

让我们从一些粗浅的内容开始。**教育最普遍的原则是它必须与个人将来所要面对的生活相一致**，这意味着它必须与国家理想相一致。如果我们不以国家理想来教育孩子，那么这些孩子在以后的生活中很可能会遇到困难，他们将会不适应社会成员的角色。

第八章
问题儿童及其教育

诚然,一个国家的理想可能会改变——它们可能会在革命之后突然改变,也可能在演变过程中逐渐改变。但这仅仅意味着教育工作者应该在脑海中牢记一个非常广阔的理想。这个理想应在任何时代永远有它的位置,并能指导个人适当地调整自己,以适应变化的环境。

学校与国家理想的联系,当然是归因于它与政府的联系。正是在政府的影响下,国家理想得以体现在学校系统中。政府不会直接联系家长或家庭,但它会以自己的方式观察学校。

历史上,不同时期的学校反映了不同的理想。在欧洲,学校最初是为贵族开设的。后来,这些学校被教会接管,成为宗教学校。只有牧师才是老师。然后,国家开始有了对更多知识的需求。他们需要更多科目,需要更多教师,这是教会所不能提供的。就这样,牧师以外的人进入了这个行业。

一直到近代,教师还不是专职教师。他们还从事其他许多行业,如制鞋、裁缝等。很明显,他们只知道如何用棍棒教学。这样的学校不是那种可以解决孩子们心理问题的学校。

教育的现代精神起源于裴斯塔洛齐（Pestalozzi）时代的欧洲。裴斯塔洛齐是第一个找到除了棍棒和惩罚以外的教学方法的老师。

裴斯塔洛齐对我们很有价值，因为他向我们展示了学校教学方法的重要性。有了正确的方法，除非智力低下，一般而言每个孩子都能学会读书、写字、唱歌和算术。我们不能说已经发现了最好的方法，它们一直处于发展过程中。我们一直在寻找新的更好的方法，而这也是正确的和恰当的。

让我们回到欧洲学校的历史上来，值得注意的是，随着教育方法发展到一定程度，出现了对能读、会写、会数数，而且不需要经常指导的、普遍具有独立性的工人的巨大需求。这时出现了这样的口号，"每个孩子都可以上的学校"。现在每个孩子都被强制上学。这种发展要归功于我们的经济生活条件以及反映这些条件的理想。

第八章
问题儿童及其教育

以前,欧洲只有贵族才有影响力,只有官员和劳工才有需求。那些必须为更高的职位做准备的人去了更高级别的学校,而其余的人根本不去上学。这一教育制度反映了当时的国家理想。今天的学校制度对应着另一套国家理想。在现代的学校里,孩子们不再需要安静地坐着,双手交叉放在膝盖上,而且不许移动。在现代的学校里,孩子们是老师的朋友。他们不再被权威所强迫,不再仅仅是服从,而是被允许更加独立地发展。在美国,自然有许多这样的学校,因为学校总是随着一个国家理想而发展,这些理想是在政府的规章制度中具体化的。

学校制度与国家和社会理想的联系是有机的——正如我们已经看到的,这是由于它们的起源和组织——但从心理学角度来看,作为教育机构,学校具有很大的优势。从心理学观点来看,**教育的主要目的是适应社会**。现代学校比家庭更易引导孩子个人的社交潮流,因为它更接近国家的需要,也不吝于批评孩子。它不溺爱孩子,而且通常而言,它有一种更超然的态度。

另外，家庭并不总是充满社会理想。我们经常发现传统观念在家庭里占据主导地位。只有当父母自己适应社会，明白教育的目标必须是社会性的，才能取得进步。只要父母知道和理解这些事情，我们就会发现孩子们将受到良好的教育，并为上学做好准备，就像在学校里，他们为自己生活中的特定身份做好了准备一样。这应该是孩子在家庭和学校的理想发展情况，而学校处于家庭和国家之间。

我们从前面的讨论中了解到，在一个家庭里，孩子的生活方式是在他四五岁以后固定下来的，而且不会直接改变。这指明了现代学校的发展方向。**学校不应批评或惩罚儿童，而应努力塑造、教育和发展儿童的社会兴趣**。现代学校不可能在充满压制和审查的原则下运行良好，而是在尝试理解和解决孩子的个人问题上开展工作。

而父母和孩子在家庭中是如此紧密地结合在一起，通常父母很难为社会教育孩子。他们更愿意为自己的利益教育孩子，因此他们创造了一种与孩子以后的生活状况相冲突的趋势。这样的孩子一定会面临很大的

第八章
问题儿童及其教育

困难，而且是在他们一进学校的时候，而这些问题在他们以后的生活中将变得更加困难。

要纠正这种情况，教育父母当然是必要的。但这通常并不容易，因为我们不能像孩子一样向长辈伸出双手求助。甚至当我们接触到父母的时候，我们可能会发现，他们对国家理想并不是很感兴趣。他们太传统了，而不想去了解这些。

因为我们无法对父母做太多，因而只能满足于到处传播更多的理解。最好的着力点是学校。这是真的，原因有三点：第一，大量的儿童集中在那里；第二，生活方式上的错误在学校比在家里更容易出现；第三，教师被认为是理解孩子问题的人。

正常的孩子我们并不用担心，我们不会打扰他们。如果我们看到孩子得到了完全发展并适应社会，最好的办法是不要压制他们。他们应该走自己的路，因为我们可以期待这样的孩子在生活中有用的方面寻找目标，以培养优越感。他们的优越感，正因为是出现在生活中有用的一面，因而不是一种优越情结。

而在问题儿童、神经症患者、罪犯等群体中，既有优越感也有自卑感。这些人表现出优越情结，作为对他们自卑情结的补偿。正如我们已经指出的那样，自卑感存在于每个人的内心，但只有当这种感觉使他气馁，并刺激他在生活中的无用面用力时，它才成为一种自卑情结。

这些问题的根源在于孩子入学前的家庭生活。正是在这一时期，孩子建立了自己的生活方式，这与我们设定为人格原型的成人生活方式形成了对比。这个人格原型就像一个未成熟的水果，如果它有一些问题，比如它有虫子，那么它越是发展和成熟，虫子就长得越大。

正如我们所看到的，虫子或困难来自于有缺陷的器官带来的问题。器官缺陷的困难通常是自卑感的根源，在这里我们必须再次记住，不是器官的缺陷造成了问题，而是由最初这种缺陷带来的社会不适应造成了问题。

正是这一点为我们提供了教育的机会。只要训练

第八章
问题儿童及其教育

一个人适应社会，那么器官缺陷非但不是负担，反而可能变成资产。因为正如我们所看到的，身体缺陷可以通过训练而变成非常显著的兴趣来源，而这可能会主导一个人的一生。如果这种兴趣能在一个有用的方向上运行，那么它可能对个人意义重大。

这完全取决于器官缺陷如何与社会适应相协调。因此，对于一个只想看或只想听的孩子，应该由教师来培养他对使用所有感官的兴趣，否则他就会与其他学生脱节。

我们都很熟悉习惯用左手的孩子长大后变得笨拙的情况。一般来说，没有人意识到这个孩子是左撇子，而这就是他笨手笨脚的原因。由于他是左撇子，他经常与家人不一致。我们发现，这样的孩子要么会变得好胜或进取——这是一种优势，要么会变得抑郁而易怒。当这样一个孩子带着他的问题去上学时，我们会发现他要么好胜，要么沮丧、易怒、缺乏勇气。

除了器官有缺陷的孩子，还有一个问题是大量娇生惯养的孩子来到学校。按照现代学校的组织方式，一个孩子是不可能永远成为被关注的焦点的。确实偶尔会有这样的情况：一位老师因为太仁慈而偏爱一个学生，但随着这个孩子年级的上升，他失去了被宠爱的地位。在以后的生活中，这种情况将变得更糟，因为在我们的文化中，一个人总是成为关注焦点而不做任何事是不合适的。

所有这些问题儿童都有某些明确的特征。他们不太适合解决生活中的问题；他们野心勃勃，想以个人的方式统治社会，而不是为社会做出贡献。此外，他们总是争吵，并与他人作对。他们通常是懦弱的，因为他们对生活中的所有问题都缺乏兴趣。娇生惯养的童年并没有让他们对解决生活问题做好准备。

我们在这类孩子身上发现的其他特征是，他们小心谨慎，并且总是犹豫不决。他们延迟解决生活给他们的问题，或者在问题面前停了下来，开始分心，而且什么都没完成。

这些特点在学校里比在家里更容易表现出来。学校就像一个实验，或一个严峻考验，因为在那里，孩

第八章
问题儿童及其教育

子是否适应社会或能否解决问题变得很明显。一种错误的生活方式在家里往往不为人知，但在学校里却会暴露无遗。

无论是娇生惯养的孩子，还是器官有缺陷的孩子，总是想"排除"生活中的困难，因为他们强烈的自卑感，剥夺了他们应对困难的能量。然而，我们可以控制学校的困难，从而逐渐把他们放在一个地方来解决问题。学校因此成为我们真正受教育的地方，而不仅仅是提供指导。

除了这两种类型，我们还得考虑令人厌恶的孩子。令人厌恶的孩子通常是丑陋的、犯错的、有严重问题的，而且根本就不适合社会生活。在这三种类型的孩子中，他们可能是在学校遇到最大困难的一类。

因此，我们看到，无论教师和行政人员是否喜欢，作为学校管理的一部分，他们必须对所有这些问题和处理它们的最佳方法有所理解。

除了这些特殊的问题儿童，还有那些被认为是神童的孩子——那些特别聪明的孩子。有时，因为他们在某些领域领先,他们很容易在人群中表现出色。他们敏感、野心勃勃,通常不受同伴喜欢。孩子们似乎马上就能感觉到他们中的某个人不适应集体。这样的神童会受到赞美,但并不被别人喜欢。

我们可以想见这些神童中有多少人满意地度过了学校生活,但当他们进入社会生活时,他们没有适当的生活计划。当他们面对社会生活、职业、爱情和婚姻这三大问题时,他们的困境就显现出来了。在他们人格原型形成的年纪发生的事情变得越来越明显,我们看到了他们没有很好地适应家庭产生的影响。在家里,他们发现自己处于有利情况下,因而并没有引出他们生活方式中的错误。但当新的情境出现时,错误也出现了。

有趣的是,诗人已经看到了这些事物之间的联系。许多诗人和剧作家都曾在他们的戏剧和传记中描写过这些人复杂的生活。例如,莎士比亚笔下的诺森伯兰(Northumberland)这个人物。莎士比亚是心理学大师,他把诺森伯兰描述为在真正的危险到来之前对国王非常忠诚的人,然后他出卖了国王。莎士比亚明白,一

第八章
问题儿童及其教育

个人真正的生活方式是在面对非常困难的情况时显现的。但并不是之前困难的环境造就了他的生活方式。

个体心理学为神童问题提供的解决方案与其他问题儿童相同。个体心理学家说:"每个人都可以完成每一件事。"这是一个通用格言,它削弱了神童的光环,他们总是背负着期望的重担,总是被推着往前走,变得对自己太过感兴趣。接受这一格言的父母会有非常聪明的孩子,因为这些孩子不必变得自负或过于雄心勃勃。他们明白,他们所取得的成就是练习和好运的结果。如果他们继续接受良好的训练,他们就能完成别人能完成的任何事情。但是,那些没有受到这一格言影响,也没有受到良好教育和训练的孩子,也可能会取得好成绩,如果老师能让他们理解这种方法的话。

后面这类孩子可能已经失去了勇气。因此,必须保护他们不受明显的自卑感的伤害,这种感觉我们谁也无法长期忍受。起初,这些孩子并不需要面对像他们在学校遇到的那么多的困难。我们可以理解他们被这些困难所压倒,想要逃学或根本不去上学。他们认为他们在学校没有希望,如果这种想法是正确的,我们应该同意他们的行为是一贯的和理性的。但个体心理学并不认为他们在学校是没有希望的，个体心理学相信每个人都能完成有益的工作。错误总是存在的，但这些错误是可以纠正的，因而孩子也可以往前走。

然而，通常情况下，这种情况没有得到妥善处理。每当孩子被学校的新困难压垮时，母亲就会采取关注和焦虑的态度。孩子在学校收到的学校报告、批评和责骂，会被家里的影响放大。很多时候，一个在家里表现很好的孩子，因为被娇生惯养，会在学校里变得很坏，因为他潜在的自卑情结在他与家庭失去联系的那一刻就出现了。那时，溺爱的母亲会被这样的孩子憎恨，因为他觉得母亲欺骗了他。母亲现在的形象和以前不一样了，对新情况的焦虑使孩子忘记了过去母亲对他的所有行为和宠爱。

我们经常发现，一个在家里爱打架的孩子，在学校却很安静、平静，甚至压抑。有时这位母亲来到学校，会说："这个孩子让我一整天都很忙，他总是在打架。"而老师说："他整天安静地坐着，一动不动。"有时，我们也会有相反的情况。也就是母亲会过来说：

第八章
问题儿童及其教育

"这个孩子在家里非常安静可爱",而老师说:"他破坏了我的整个班级秩序。"我们很容易理解后一种情况。孩子是家里注意力的中心,因此他们安静而谦逊。在学校里,他不再是大家关注的焦点,所以他打架了。当然也可能是另一种情况。

举个例子,有一个八岁的女孩,她很受学校同学的欢迎,并且是班里的班长。她的父亲来找医生说:"这孩子非常喜欢虐待人,是一个名副其实的暴君,我们再也受不了她了。"原因是什么呢?她是一个弱势家庭里的第一个孩子,只有脆弱的家庭才会被孩子折磨。当另一个孩子出生时,这个女孩感到自己处于危险之中,她仍然希望自己像以前一样成为被关注的焦点,于是她开始战斗。在学校里,她很受欢迎,没有任何理由打架,她发展得很好。

有些孩子在家里和学校都有困难。家庭和学校都在抱怨,结果,孩子的错误更多了。有些人在家里和学校都很邋遢。如果这种行为在家里和学校都是一样的,我们必须从他以前发生的事情中寻找原因。在任何情况下,我们都必须考虑家庭和学校的行为,以便对孩子的问题形成判断。如果我们正确地理解他的生活方式和他奋斗的方向，我们会发现每一个部分都很重要。

有时，一个适应得很好的孩子，当他在学校遇到新环境时，可能会变得没有那么适应。这种情况通常会发生在当一个孩子来到学校，而这个学校的老师和学生都非常反对他时。以一个欧洲孩子的经历为例，一个不是贵族的孩子，被送到贵族学校，因为他的父母非常富有和自负。由于他不是贵族出身，他的同学都反对他。这个孩子以前被娇生惯养，或至少是舒服地适应生活的，突然发现自己在一个非常敌对的气氛里。有时，这些伙伴的残忍会达到某种地步，以至于一个孩子能够忍受它都是很令人震惊的。但大多数情况下，孩子从来不在家里说一个字，因为他感到很羞愧。他默默忍受着这种可怕的折磨。

通常，当这些孩子到了十六岁或十八岁——在这个年龄，他们必须像成年人一样面对社会，正视生活中的问题——他们会突然停下来，因为他们已经失去了勇气和希望。除了他们的社会障碍，他们在爱情和

第八章
问题儿童及其教育

婚姻方面也遇到了障碍,因为他们已经无法继续前进了。

遇到这样的个案,我们该怎么办呢?他们的能量无处发泄,他们被分隔了,或者说感觉与整个世界隔开来了。有一类人因为伤害了别人而想伤害自己,这样的人可能会自杀。还有一类人想要消失,他们消失的方式是进入一家精神病院,他们甚至失去了以前仅有的一点社交能力。他们不以正常的方式说话,不亲近别人,而总是与整个世界对抗。我们称这种状态为早发性痴呆(Dementia praecox),即精神失常(Insanity)。如果我们要帮助他们中的任何一个人,我们必须找到重建他们勇气的方法。这是非常难治的病例,但还是可以治疗的。

正如儿童教育问题的治疗主要取决于对他们生活方式的诊断,我们有必要在这里回顾一下个体心理学发展出来的诊断方法。当然,生活方式的诊断除了对教育有用外,对许多其他事情也有用,在教育实践中,它们是相当必要的。

除了直接研究儿童的成长过程之外，个体心理学还会采用询问有关未来职业的早期记忆和想象，观察儿童的姿势和身体动作，以及根据儿童在家庭中的出生排序进行推断等方法。我们之前已经讨论过这些方法，但也许有必要再次强调孩子在家庭中的排序，因为相比其他方法，它与教育发展的联系更紧密。

正如我们所看到的，孩子在家庭中的出生顺序对于孩子而言很重要的一点是，第一个孩子在一段时间内处于独生子女的地位，然后这个位置被别人取代了。因此，他一度享受着巨大的权力，但不久又失去了它。而其他孩子的心理是由他们不是第一个孩子这一事实所决定的。

在年龄最大的孩子中，我们经常发现流行着一种保守观点。他们觉得当权者应该继续掌权，他们失去权力只是一个意外，他们对权力依旧非常羡慕。

第二个孩子的情况完全不同。他从未成为注意力的中心，总是跟着在他前面奔跑的领跑者一起前进。他总想赶上领跑者。他不承认权力，但希望权力能够

第八章
问题儿童及其教育

变化。他感到一种向前的冲动,就像在赛跑中一样。他的所有动作都表明,他正注视着前方的某一点,以便赶上它。他总是想要改变科学和自然规律。与其说他在政治上是革命性的,不如说他在社会生活中是革命性的,在对待同伴的态度上是革命性的。《圣经·旧约》中有一个很好的例子,是雅各(Jacob)和以扫(Esau)的故事。

如果有好几个孩子在另一个孩子出生之前都长大了,那么最后一个孩子会发现自己的处境与第一个孩子相似。

从心理学的角度看,家中最小的孩子的位置非常有趣。我们说的最小的孩子当然是指年龄最小,没有后继者的孩子。这样的孩子处于有利地位,因为他永远不会被替代。第二个孩子可能会被替代,有时他会经历第一个孩子的那种悲剧,但这永远不会发生在最小的孩子的生活中。因此,他处于最有利的位置,在其他条件相同的情况下,我们发现最小的孩子得到了最好的发展。他很像第二个孩子,精力充沛,并总是试图战胜别人。他也有自己的超越对象。但总的来说,他采取的方式和其他家庭成员完全不同。如果这个家庭出了一个科学家，最小的孩子可能会是一个音乐家或商人。如果这个家庭出了一个商人，最年轻的孩子可能是一个诗人。他总是与众不同，因为不在同一领域竞争而是在另一个领域发展总要容易得多，因此他喜欢走不同于其他人的路线。显然，这是他有点缺乏勇气的迹象，因为如果这个孩子有勇气，他就会在同一领域竞争。

值得注意的是，我们基于儿童出生顺序的预测是一种倾向性，而不是必然性。事实上，如果第一个孩子很聪明，他可能根本不会被第二个孩子战胜，因此就不会经历任何悲剧。这样的孩子具有良好的社会适应能力，他的母亲很可能会将他的兴趣传播给其他人，包括新生儿。然而，如果第一个孩子不能真的被征服，那么第二个孩子就会面临更大的困难，从而第二个孩子可能会变成问题儿童。这样第二个孩子就会变成最坏的类型，因为他们经常失去勇气和希望。我们知道，在比赛中，孩子们必须永远抱有获胜的希望，当这个希望消失时，他会失去一切。

第八章
问题儿童及其教育

独生子女也有他的悲剧，因为在童年的时候，他一直是家庭关注的中心，因而他的生活目标永远是成为中心。他不是按照逻辑推理，而是按照自己的生活方式推理。

在一个都是女孩，只有一个男孩的家庭中，独生男孩的处境也很困难，有可能会出现问题。人们通常认为这样的男孩会表现得像个女孩，但这种观点是有点夸张的。毕竟，我们都是受女性教育的。但是，这样的男孩也有一定的困难，因为在这样的情况下，整个家庭都是为女性设立的。人们一进入一间房子，就可以立即说出这个家庭是男孩多还是女孩多。两种家庭使用的家具不一样，尽管不一定，但家里男孩越多，坏的东西就越多，女孩越多，家里就越干净。

在这样的环境下，一个男孩可能会努力表现得更像一个男人，并夸大他的性格特征。否则，他真的会跟家里的其他人一样变得像个小女孩。简而言之，我们会发现，这样的男孩要么是温柔的，要么是非常狂野的。在后一种情况中，最终我们可以看到，他总是试图证明和强调他是一个男人这一事实。

一群男孩中唯一的女孩的处境同样艰难。要么她非常安静，变得非常女性化，要么她想做所有男孩做的事情，并像他们一样发展。在这种情况下，自卑感是很明显的，因为她是一群处于优越地位的男孩之中唯一的女孩。自卑情结在于她觉得自己只是个女孩。在"只是"这个词里，整个自卑情结都表达出来了。当她试图穿得像男孩一样，当她之后想要拥有她所理解的男人所拥有的两性关系时，我们看到了一种补偿性的优越情结。

我们可以举一个例子来结束我们关于孩子在家庭中的出生顺序的讨论，在这个案例中，第一个孩子是男孩，第二个是女孩，双方总是有激烈的竞争。女孩被推着往前走，不仅因为她是第二个孩子，还因为她是女孩。她接受了更多的训练，因而成为一种非常明显的第二个孩子的类型。她精力充沛，非常独立，男孩注意到在比赛中她是如何离他越来越近的。正如我们所知，女孩在生理和心理上的发展要比男孩快得多——例如，一个十二岁的女孩要比同龄的男孩发育成熟得多。男孩看到了这一点，却无法解释清楚。因

第八章
问题儿童及其教育

此,他感到自卑,并且有一种放弃的渴望。他不再进步了。相反,他开始寻找逃离的办法。要么,他在艺术方面找到了逃避方法,要么,他可能会变得神经质、犯罪或精神失常。他觉得自己不够强壮,因而不能再继续比赛了。

这种情况很难解决,即使我们拥有"每个人都能完成所有事情"的观点,我们能做的主要事情是向男孩表明,如果女孩看起来领先,那只是因为她练习得更多,并通过练习找到了更好的方法来发展。我们也可以尽可能地引导女孩和男孩进入非竞争性的领域,以减少赛跑时的那种氛围。

第九章 社会问题和社会适应

社会问题涉及我们对他人的行为,我们对人类和人类未来的态度。

第九章
社会问题和社会适应

  个体心理学的研究目标是适应社会。这看起来似乎很矛盾,但如果这是一个悖论,那也只是口头上的。事实上,只有当我们关注个体具体的心理活动时,我们才会意识到社会要素是多么重要。**只有在社会环境中,个体才会成为个体**。其他心理学体系在他们所谓的个体心理学和社会心理学之间做了区分,但我们不做这种区分。到目前为止,我们的讨论一直试图分析个人的生活方式,但是这种分析总是带着社会观点和社会应用。

  我们现在把更多重点放在社会适应问题上,以继续我们的分析。我们所要讨论的现实是相同的,但我们不应把注意力集中在诊断生活方式上,而是要讨论行为中的生活方式以及进一步采取适当行动的方法。

我们从教养问题开始，继续对社会问题进行分析，这也是我们上一章的主题。学校和幼儿园是小型社会机构，我们可以通过简化的方式来研究它们当中的社会适应不良问题。

我们以一个五岁男孩的行为问题为例。一位母亲来找医生，抱怨她的儿子坐立不安、过度好动，而且很麻烦。她总是和孩子待在一起，一天下来就筋疲力尽了。她说她再也不能忍受这个男孩了，她宁愿让他从家里搬出去，如果这么处理可行的话。

从这些行为细节中，我们可以很容易地"认同"这个男孩——把我们自己放在他的位置上。如果我们听说一个五岁的孩子有多动症，我们很容易就能想象出他的行为准则是什么。如果其他孩子到了他那个年纪而且极度活跃，他会怎么做呢？他会穿着很重的鞋子爬上桌，以及总是喜欢干些会弄得很脏的事。如果妈妈想读书，他就玩灯，不断地开灯关灯。或者，如果父母想弹钢琴或者一起唱歌，这个孩子会做什么

第九章
社会问题和社会适应

呢？他会喊出来，或者捂着耳朵，坚持说他不喜欢这样的噪声。如果他得不到想要的东西，就会发脾气，而且他总是想要一些东西。

如果我们在幼儿园注意到这样的行为，我们可以肯定，这样的男孩想要打架，他所做的一切都是为了引起打架。他日夜不宁，而他的父母总是疲惫不堪。这个男孩从不疲倦，因为不像他的父母，他不必做他不想做的事。他只想坐立不宁，从而占据别人。

有一件事很好地说明了这个男孩是如何争取成为关注焦点的。有一天，他被带到一个音乐会，他的父母会在这个音乐会里演奏和唱歌。在一首歌的中间，男孩喊道："你好，爸爸！"然后在大厅里走来走去。父母本来可以预料到这一点，但他们并不理解这种行为的原因。尽管他的行为不正常，他们还是把他看作正常孩子。

然而，在这个方面他是正常的：他对生活有一个很聪明的计划。他做得正好符合他的计划。如果我们能看到这个计划，就能猜到符合结果的行为是什么。

因此，我们可以得出结论，他并不是智力障碍者，因为智力障碍者不会有一个聪明的生活计划。

当他的母亲有客人来访，想要享受聚会时，他会把客人从椅子上推下来，并且总是去坐对方想要去坐的那把椅子。我们可以看到，这与他的目标和人格原型是一致的。他的目标是更加优越、控制别人，而且总是抓住父母的注意力。

我们可以判断，他曾经是一个娇生惯养的孩子，如果他再被娇生惯养，他是不会战斗的。换句话说，这是一个失去了有利地位的孩子。

他是怎么失去有利地位的？答案是，他一定有了一个弟弟或妹妹。因此，五岁的他处在一个新环境中，感觉自己从核心位置上被废除了，并且努力想要保住自己重要的核心位置。因为这个原因，他让他的父母总是围着他转。还有一个原因，我们可以看到，这个男孩没有为新的情况做好准备，在被宠爱的位置上，他从来没有发展出任何共情。因此，他没有适应社会。他只对自己感兴趣，只关心自己的生活。

第九章
社会问题和社会适应

当他的母亲被问到这个男孩对他弟弟怎么样时,她坚持说他喜欢他,但每当他和弟弟一起玩时,他总是把弟弟打倒。我们可能会原谅他的行为,因为觉得这样的行为并不表示明显的情感。

为了充分理解这种行为的重要性,我们应该将它与我们经常遇到的打架的孩子进行比较。那些打架的孩子并不会持续打架,因为孩子们太聪明了,他们知道父母会结束他们的战斗。因此,这样的孩子会不时地停止打架,继续他们的良好行为。但是旧的行为方式又出现了,就像在这个例子中,在他和弟弟玩游戏的过程中,他把弟弟打倒了。他与弟弟玩的目的实际上就是要把他击倒。

这个男孩对他的母亲有什么行为呢?如果妈妈打他,他要么会笑着说打他并不疼;或者,如果她打得更狠一点,他会安静一会儿,然后再晚一点开始战斗。我们应该注意到,男孩的所有行为都受到他的目标的制约,他做的每一件事情都是指向这个目标的,以至于我们可以预测他的行动。如果人格原型不是一个整体,或者我们不知道人格原型的目标是什么,我们就无法预测这些行动。

想象一下这个男孩刚开始的生活。他去了幼儿园，我们可以预测那里会发生什么。如果这个男孩被带去听音乐会，我们本可以预测会发生什么，就像他实际做的那样。一般来说，他会在一个比较弱的环境中，或者在一个困难的环境中成为掌控的人，他会为这种掌控感而斗争。因此，如果老师很严厉的话，他在幼儿园待的时间很有可能会缩短。在那种情况下，这个男孩可能会设法找借口。他会一直处于紧张状态，而这种紧张状态可能会使他遭受头痛、不安等症状。这些症状将是神经症最初的症状。

如果学校的环境温和舒适，他可能会觉得自己是注意力的中心。在这样的情况下，他甚至可能成为学校的领袖——完全的胜利者。

正如我们所看到的，幼儿园是一个有社会问题的社会机构。个人必须为这些问题做好准备，因为他必须遵守社会法律。孩子必须能够使自己对那个小社会有用，而且除非他对别人比对自己更感兴趣，否则他

第九章
社会问题和社会适应

就不可能有用。

在公立学校,同样的情况反复出现,我们可以想象这样的男孩会发生什么。在私立学校,事情可能会容易一些,因为在这样的学校,学生通常较少,因而他们可以得到更多的关注。也许在这样的环境中,没有人会注意到他是一个问题儿童。也许他们甚至会说,"这是我们学校最聪明的男孩,我们最好的学生。"也有可能,如果他是班长,他在家里的行为可能会改变。他可能满足于只在一个方面比别人优越。

如果一个孩子的行为在他上学后有所改善,你可能会理所当然地认为他在班上处于有利地位,并感觉到优越。然而,通常情况恰恰相反。那些在家里受人喜爱又很听话的孩子,在学校里常常带坏班级风气。

在上一章中,我们说过,学校是介于家庭和社会生活之间的中间道路。如果我们应用这个公式,就能理解这种类型的男孩步入社会后会发生什么。生活不会提供给他在学校时偶尔会找到的那种有利条件。人们常常感到惊讶和无法理解,为什么那些在家庭和学校都表现出色的孩子，在之后的生活中会变得没什么价值。有一些患有神经症的成年人后面可能会精神失常。没有人能理解这种情况，因为这种人格原型一直被有利的情况所掩盖，直到成年才会显现。

因此，我们必须学会在有利情境中理解错误的人格原型，或者至少认识到它可能存在，因为在那样的情境里人们很难认识到它。有一些迹象可以被认为是错误的人格原型的确切标志。一个想要引起注意而又缺乏社会兴趣的孩子往往是不修边幅的。因为不修边幅能让他占用别人的时间。他也不会想去睡觉，晚上会哭闹或尿床。**他把焦虑当成用它来迫使别人服从的方式，因为他注意到焦虑是一种武器**。所有这些迹象都出现在有利情境中，通过寻找它们，人们可能会得出正确的结论。

让我们看看这个有着错误的人格原型的男孩在他接近成熟的时候，比如十七八岁的生活。在他身后是一片广阔的生活腹地——一片不那么容易评价的腹地，因为它不是很清晰。要看清他的目标和生活方式是很不容易的。但当他面对生活时，他必须面对我们所说

第九章
社会问题和社会适应

的生活中的三大问题——社会问题、职业问题、爱情和婚姻问题。这些问题产生于与我们的存在密切相关的关系。**社会问题涉及我们对他人的行为，我们对人类和人类未来的态度**。这个问题涉及人的保护和拯救，因为人的生命是如此有限，只有齐心协力，我们才能继续前进。

至于职业问题，我们可以从我们看到的这个男孩在学校的行为来判断。我们可以肯定，如果一个男孩带着优越感去寻找一个职业，他将很难获得这样的职位。很难找到一个位置，在那里你不是下属，或者你不必与他人合作。但由于这个男孩只关心自己的福祉，他永远不会安心处于一个下属的位置。而且，这样的人在生意上也不值得信赖。他绝不能使自己的利益附属于公司的利益。

一般来说，我们可以说职业成功取决于社会适应。在商业中，能够理解邻居和顾客的需求，用他们的眼睛看，用他们的耳朵听，用他们的感觉去感受，这是一个很大的优势。这样的人会进步，但我们正在观察的这个男孩不能进步，因为他总是寻求自己的利益。

他只能发展进步所必需的一部分。因此，他在他的职业生涯中往往是一个失败者。

在大多数情况下，人们会发现，这样的人从来没有完成他们的职业准备，或在一项职业上开始得很晚。他们可能已经三十岁了，还不知道自己今后要做什么。他们经常从一门专业转换到另一门专业，或者从一种职位转换到另一种职位。这表明他们在任何职位上都不适应。

有时我们会发现一个十七八岁的青年在努力，却不知道该做什么。了解这样的人，并为如何选择职业向他提供建议是很重要的。他仍然可以从一开始就对某件事感兴趣，并进行适当的训练。

但是，如果这个年龄的男孩还不知道他以后的生活中要做什么是相当令人不安的，他们常常是那种成就不大的人。无论是在家里还是在学校，都应该努力使男孩在达到这个年龄之前对他们未来的职业产生兴趣。在学校里，可以通过布置诸如"我以后想成为什么样的人"之类的作文作业来实现。如果他们被要求

第九章
社会问题和社会适应

写这样一个主题，他们肯定会思考这个问题，否则他们可能永远不会面对这个问题，直到为时已晚。

青年必须面对的最后一个问题是爱情和婚姻问题。只要人类还存在两个不同的性别，这就是一个非常重要的问题。如果我们都是一种性别，情况会非常不同。事实上，我们必须训练自己对待异性的行为方式。我们将在随后的一章中详细讨论爱情和婚姻问题，这里只说明它与社会适应问题的关系。导致社会和职业不适应的社会兴趣缺乏，同样也导致了不能恰当地与异性交往的问题。一个完全以自我为中心的人，没有做好双人舞的准备。事实上，性本能的主要目的之一似乎就是把个体从狭隘的壳中拉出来，使他能够适应社会生活。**但在心理上，我们不得不在一定程度上满足性本能——除非我们忘记自己，把自己融入更大的生活中，否则性本能无法正常地完成它的功能。**

我们现在可以对我们研究的这个男孩得出一些结论了。我们看到他站在人生的三大问题面前，畏缩不前，害怕失败。我们看到他带着优越的个人目标，尽可能地排除生活中的所有问题。那么他还剩下什么呢？他不参加社会活动，他与人格格不入，他很多疑、很孤僻。他对别人不感兴趣，也不在乎自己在他们面前的样子，所以他常常衣衫褴褛、肮脏不堪，像个精神病患者。**我们知道语言是一种社会必需品，但我们的研究对象却不愿使用它。**他根本不会说话——这是早发性痴呆的一个特征。

因为被自我强加的、对生活所有问题的封锁所阻断，这个男孩的道路直接通向精神病院。他的高人一等的目标使他与他人隔离，而且这改变了他的性驱力，使他不再是一个正常人。我们发现他有时试图飞向天堂，或认为自己是耶稣或是中国皇帝。用这种方式，他得以表达他的优越目标。

我们常说，**生活的一切问题的本质都是社会问题**。我们在幼儿园、公立学校、友谊、政治、经济生活等方面都看到了社会问题的表现。很明显，我们所有的能力都聚焦于社会，且都是为人类服务的。

我们知道，社会适应的缺陷是从人格原型开始的。问题是，如何在为时已晚之前纠正这一缺陷。如果人

第九章
社会问题和社会适应

们不仅能知道如何防止大错误,而且还知道如何从人格原型中诊断出一些小错误,并知道如何纠正它们,那将是一个很大的进步。但事实是,这样做是不太可能的。很少有家长会学习和避免错误。他们对心理和教育问题不感兴趣。他们要么娇惯孩子,对任何不把他们的孩子视为完美珍宝的人持敌对态度,要么对孩子根本不感兴趣。因此,通过家长可以完成的事情并不多,也不可能在短时间让家长有更多的认识。建议他们应该知道什么需要花费大量时间,因此,最好是请一位医生或心理学家。

除了医生和心理学家的治疗,最好的结果只能通过学校和教育来实现。人格原型的错误往往要到孩子进入学校后才表现出来。一个知道个体心理学方法的教师会在短时间内注意到一个错误的人格原型,她可以看到一个孩子是否加入了其他孩子的行列,或者想通过推动自己成为关注的中心。她还能看到哪些孩子有勇气,哪些孩子缺乏勇气。一个受过良好教育的老师在开学第一周就能知道一个孩子人格原型的错误了。

教师这一角色,由于其社会功能的本质,更有能力纠正孩子们的错误。人类开办学校是因为家庭无法适当地教育孩子，以满足社会生活的需要。**学校是家庭的延伸，在很大程度上，孩子的性格是在学校形成的，并被教导面对生活中的问题。**

有必要的是，学校和教师应该具备心理洞察力，这将使他们能够正确地执行他们的任务。在未来，学校肯定会更多地沿着个体心理学的路线运行，**因为学校的真正目的是塑造孩子健全的人格。**

第十章 社会情感、常识和自卑情结

正是由于缺乏勇气，个体才没有走上社会道路。与缺乏勇气同时出现的是由失败带来的智慧，这种智慧有助于理解人类社会历程的必然性和有效性。

我们已经看到，社会不适应是由自卑感和追求优越的社会后果造成的。自卑情结和优越情结这两个词已经表达了一种不适应发生后的结果。这些情结既不出现在胚胎中，也不出现在血液中，它们只发生在个体及其与社会环境的相互作用的过程中。为什么它们不会发生在每个人身上？所有人都有一种自卑感，同时也都有追求卓越和成功的渴求，这构成了他们的精神生活。**人没有情结的原因是，他们的自卑感和优越感被一种心理机制约束着，转到了对社会有用的渠道中。**这种心理机制源自社会兴趣、勇气和社会意识，或者源自常识背后的逻辑。

下面我们来研究一下这个机制是如何发挥功能和

第十章
社会情感、常识和自卑情结

丧失功能的。我们知道，只要自卑感不是太强烈，一个孩子总是会努力成为有价值的人，并停留在生活中有用的方面。这样的孩子，为了拿到结果，总是会对别人感兴趣。**社会情感和社会适应通常是直接且常见的补偿方式**，从某种意义上来说，几乎不可能有儿童或成人在追求优越感的过程中没有得到相应的发展。我们不可能找到一个人，他真的会这么说："我对别人不感兴趣。"他可能会这样做——表现得好像对这个世界不感兴趣，但他证明不了这一点。相反，他会声称自己对别人感兴趣，以掩盖他社会适应方面的缺陷。这无声地证明了社会情感的普遍性。

然而，不适应确实发生了。我们可以通过一些边缘的案例来研究它们的成因，这些案例中存在自卑情结，但由于有利的环境而没有公开表达出来。这样，情结就被隐藏起来了，或者至少显示出一种隐藏它的倾向。如果一个人没有遇到困难，他可能看上去十分满足。但是，如果我们仔细观察，就会发现，即便不是通过语言或观点，我们至少可以通过态度，看到他是如何表达他感到自卑这一事实的。这是一种自卑情结，是夸大的自卑感的结果。拥有这种情结的人，总是渴望从负担中解脱出来，而这种负担正是他们以自我为中心强加给自己的。

一些人隐藏他们的自卑情结，而另一些人则坦白说："我正受着自卑情结的苦。"观察这些是相当有趣的。忏悔者对自己的忏悔总是很得意，他们觉得自己比别人伟大，因为他们承认了，而别人不能。他们对自己说："我是诚实的，我没有隐瞒我受苦的原因。"但在他们承认自己的自卑情结的那一刻，他们暗示了他们生活中的一些困难，或对他们的处境负有责任的其他环境。他们可能会谈论他们的父母或家庭，或谈论自己没有受过良好的教育，又或者谈论到意外、限制、压抑等其他一些类似的原因。

自卑情结常常被优越情结所掩盖，而优越情结是一种补偿。这些人傲慢、无礼、自负、势利。他们更注重表面而不是实际行动。

这类人在早期的努力中可能会因怯场而心生畏惧，而在他之后的发展中，怯场成了他所有失败的借口。

第十章
社会情感、常识和自卑情结

他会说:"如果我不怯场,我什么都能做!"这些带有"如果"的句子通常隐藏着一种自卑情结。

自卑情结也可能通过一些性格特征表现出来,比如狡猾、谨慎、迂腐等。他们排斥生活中更大的问题,或者寻求狭窄的行动范围,这些行动范围受到许多原则和规则的限制。如果一个人总是倚着一根拐杖,这也是一种自卑情结的表现。这样的人不相信自己,我们会发现他发展出奇怪的兴趣。他总是忙于一些小事情,如收集报纸或广告。他们通过这种方式浪费时间,并且总是为自己找借口。他们在无用的方面训练太多,这种长时间的训练会导致强迫性神经症。

无论表面上表现出何种类型的问题,所有问题儿童通常都隐藏着一种自卑情结。因此,懒惰实际上是排斥生活的重要方法,是自卑情结的标志。偷窃是利用他人的不安或心不在焉;说谎是因为没有勇气说真话。儿童的所有这些表现都以自卑情结为核心。

神经症是自卑情结的一种发展形式。当一个人患有焦虑症时,他有什么事可以完成呢?他可能一直在努力让别人陪伴他；如果有人陪他，他在这方面就成功了。他得到了别人的支持，并让别人专注在他身上。在这里，我们看到了从自卑情结到优越情结的转变。其他人必须服务于他！在让别人服务时，神经症患者变得有优越感了。在精神失常者的案例中也表现出类似的演变。因自卑情结造成的排斥生活问题而陷入困境的他们，把自己视为伟人，并以一种想象的方式取得了成功。

在所有这些发展出情结的个案中，未能在社会和有用方向上发挥作用的失败，源于个人缺乏勇气。**正是由于缺乏勇气，个体才没有走上社会道路。与缺乏勇气同时出现的是由失败带来的智慧，这种智慧有助于理解人类社会历程的必然性和有效性。**

所有这一切都在罪犯的行为中得到了最清楚的说明，他们实际上是自卑情结最显著的案例。罪犯通常既胆小又愚蠢，他们的懦弱和社交上的愚蠢是同一倾向的两部分。

我们也可以用类似的方法分析酗酒者。他们想从

第十章
社会情感、常识和自卑情结

自己的问题中寻求解脱,但由于足够懦弱,他们满足于生活中无用的一面带来的解脱。

这些人的意识形态和知识观念与社会常识截然不同,而社会常识往往是与普通人的勇敢态度相伴随的。例如,罪犯总是找借口或指责别人。他们指出劳动是无利可图的,他们说残忍的社会不支持他们,或者他们会说这是胃的命令,为了吃饱,因而他们掌控不了。在被判刑时,他们总是找一些借口,比如谋杀儿童的希克曼,他说:"这是上天的命令"。另一个杀人犯在被判刑时说:"我杀了这样一个孩子有什么用?还有成千上万的孩子呢。"还有一位"哲学家",他声称杀死一个有很多钱的老妇人并不是坏事,因为很多更有价值的人还在挨饿。

这种论证的逻辑在我们看来是相当不堪一击的,而且它确实是不堪一击的。整个世界观都是由他们无用的社会目标决定的,正如目标的选择是由他们缺乏勇气决定的。他们总是需要为自己辩护,而一个生活有用方面的目标是不需要说明的,也不需要任何有利于它的解释。

让我们介绍一些实际的临床案例，以说明社会态度和目标是如何转化到反社会方向的。我们的第一个案例是一个将近十四岁的女孩。她在一个诚实的家庭中长大。他的父亲是一个勤劳的工人，只要他能工作，就可以养家，但他生病了。母亲是一个善良、诚实的女人，对她的六个孩子非常投入。第一个孩子是个很聪明的女孩，十二岁就去世了。第二个女孩一开始生病了，但后来康复了，并获得了一份工作，帮助养家糊口。接下来是我们故事中的女孩。这个女孩一直很健康。她的母亲一直忙于照顾两个生病的女孩和她的丈夫，没有多少时间照顾这个女孩，这里我们可以叫她安妮。还有一个更小的男孩，也很聪明，但他生病了，结果安妮发现自己处于姐姐和弟弟之间，她被压垮了。她是个好孩子，但觉得自己不像其他孩子那么讨人喜欢。她抱怨自己受到冷落，并且感到很压抑。

然而，安妮在学校表现很好，她是最好的学生。由于她的学习成绩优异，老师建议她继续深造。在她只有十三岁半的时候，她就上了高中。在这里，她遇到了一个不喜欢她的新老师。也许一开始她不是一个

第十章
社会情感、常识和自卑情结

好学生,但无论如何,由于缺乏欣赏,她变得更坏了。在她受到之前老师的赏识时,她不是一个问题孩子。她的报告做得很好,她的同学都很喜欢她。一个个体心理学家从她的交友方式中看出了一些问题。她总是批评她的朋友,总想控制他们。她想成为关注的焦点,想被夸赞,但不想被批评。

安妮的目标是被欣赏、被宠爱、被照顾。她发现自己只有在学校才能做到这一点,在家里做不到。但在新学校,她发现"赞赏"也没有了。老师训斥她,坚持说她没有准备好,给她很差的分数。结果,她逃学了,好几天都没回家。当她回来时,情况比以前更糟了,最后老师建议学校开除她。

被学校开除也无济于事。学校和老师承认,他们无法解决这个问题。但如果他们不能解决,他们应该请其他人帮忙,其他人也许能做些什么。也许在和她父母谈过之后,应该安排她去另一所学校试试。也许另一位老师会更了解安妮。但是她的老师并不这么认为,她说:"如果一个孩子逃学或学习落后,她必须被开除。"这样的理由是个人智慧的表现,但不是常识的表现，而常识是教师特别应该具备的。

我们可以猜到接下来会发生什么。这个女孩失去了生活中最后一丝希望，觉得一切都辜负了她。由于被学校开除，她在家里连一点点的赞赏都失去了。所以她从家里和学校逃走了，她失踪了几天几夜，最后大家发现她和一个士兵在谈恋爱。

我们很容易理解她的行为。她的目标是让别人欣赏她，在此之前，她一直在生活中有用的方面练习，但现在她开始往无用的方面练习了。这个士兵一开始就欣赏她，喜欢她。然而，后来安妮的家人收到了她的来信，说她怀孕了，她想要服毒。

给家人写信的行为符合她的性格。她总是朝着她希望得到赞赏的方向转身，一直转身，直到回家。她知道她的母亲正处于绝望之中，因此她不会挨骂。她觉得，她的家人对于能再见到她会非常高兴。

心理学家在处理这类个案时，认同——富有同情心地将自己置于他人处境中的能力——是至关重要的。这是一个想要被欣赏并朝着这个目标前进的人。如果

第十章
社会情感、常识和自卑情结

一个人认同这样一个人,他会问自己,"如果是我的话,我该怎么做?"当然,这必须考虑到当事人的性别和年龄。我们应该一直鼓励这样的人,但对她的鼓励应该朝向生活中有用的方面。我们应该努力让她谈到这个要点,让她说出:"也许我应该转学,我并不落后。也许我没有受过足够的训练,也许我没有正确地观察,也许我在学校里表现出了太多的个人智慧,而不懂老师的意思。"如果有可能借给她勇气,那么这个人就能学会在生活中有用的方面进行练习。**正是由于缺乏勇气,加上自卑情结,才会毁了一个人的人生。**

让我们把另一个人放到这个女孩的位置上。例如,像她这个年龄的男孩可能会成为罪犯。这种情况经常发生。如果一个男孩在学校里失去了勇气,他很可能就会离开学校,成为帮派的一员。这样的行为是很容易理解的。当他失去希望和勇气时,他就会开始迟到,找借口伪造签名,不做作业,寻找可以逃学的地方。在这样的地方,他找到了以前走过同样道路的同伴,现在他成了一个帮派的成员。他对学校失去了所有兴趣,而且发展了越来越多的个人智慧。

自卑情结常常和一个人没有什么特别能力的观点联系在一起。这个观点是，有些人有天赋，有些人没有。这种观点本身就是一种自卑情结的表达。根据个体心理学的说法，"每个人都能完成每件事"，当一个男孩或女孩对于遵循这条格言丧失信心，并感到无法在生活的有用方面实现他的目标时，这就是自卑情结的表现。

相信遗传特征是自卑情结的一部分。如果这个信念是真的——如果成功完全取决于天赋——那么心理学家将一事无成。然而，**成功实际上源自勇气**，心理学家的任务就是把绝望的感觉转变成有希望的感觉，这种希望能凝聚力量，完成有用的工作。

我们有时会看到一个十六岁的少年被学校开除后，因为感到绝望而自杀。自杀是一种报复，一种对社会的控诉。这是年轻人通过个人智慧而不是常识来肯定自己的方式。在这种情况下，我们所要做的就是赢得男孩的心，给他勇气，让他走上有用的人生道路。

我们可以举许多其他的例子。以一个十一岁的女

第十章
社会情感、常识和自卑情结

孩为例,她在家里不受欢迎。父母喜欢其他的孩子,她感到没人需要她。她变得脾气暴躁、好胜、不听话。这是一个我们可以简单分析的案例。这个女孩觉得她没有受到欣赏,起初她尝试努力,但后来她失去了希望。有一天她开始偷东西。对于个体心理学家来说,孩子偷东西与其说是犯罪,不如说是孩子为了充实自己而进行的活动。除非一个人感到内心空虚,否则他不可能去充实自己。因此,她的偷窃行为是她在家里缺乏情感关心并感到绝望的结果。我们总是注意到,孩子们在感到内心空虚的时候就开始偷东西。这样的感觉也许不能表达真相,但却是他们做出某个行为的真实心理原因。

另一个例子是一个八岁的男孩,他是一个私生子,长相丑陋,和养父母一起生活。这对养父母没有好好照顾他,也没有约束他。有时,母亲会给他糖果,这是他生活中的闪光点。当没有糖果时,这个可怜的孩子会感觉自己很惨。他的母亲嫁了一个老人,又给他生了一个孩子,这个孩子是老人唯一的快乐。他不断地纵容小女儿。这对夫妇留下男孩的唯一原因是为了不付他在外面的生活费。当老人回家时，他会带糖果给小女孩，但不会给这个男孩。结果，男孩开始偷糖果。他偷东西是因为他觉得他很匮乏，想让自己富足。父亲因为他偷东西而打他，但他仍继续偷窃。有人可能会认为这个男孩表现出了勇气，因为尽管挨打，他还是坚持偷窃，但事实并非如此，他总是希望自己不被发现。

这是一个令人讨厌的孩子的案例，他永远没有体验过做一个普通人意味着什么。我们一定要争取他，我们必须给他机会，让他有机会像一个普通人一样生活。当他学会认同他人并设身处地为他人考虑时，他就会理解继父看到他偷东西时的感受，以及小女孩发现糖果不见时的感受。我们在这里再次看到，缺乏社会情感、缺乏理解和缺乏勇气是如何共同形成自卑情结的——在这个案例里，反映的是一个令人讨厌的孩子的自卑情结。

第十一章 爱情与婚姻

爱本身并不能解决问题,因为有各种各样的爱。只有在平等的基础上,爱情才会沿着正确的方向发展,并使婚姻成功。

为爱情和婚姻做好正确的准备，首先要成为一个正常人，并适应社会。除了这种普遍的准备之外，还应该从幼儿阶段到成年阶段对性本能进行一定的训练——这种训练是为了在婚姻和家庭中使人们的本能得到正常的满足。我们可以在个体生命最初几年形成的人格原型中，找到爱情和婚姻中所有的能力、不足和倾向性。通过观察人格原型的特征，我们能够指出个体成年后的生活中会遇到的困难。

我们在爱情和婚姻中遇到的问题，与一般的社会问题具有相同的性质。它们有同样的困难和同样的任务，假如把爱情和婚姻当作天堂，认为在里面一切事情都可以按自己的意愿发生，这是完全错误的。爱情

第十一章
爱情与婚姻

和婚姻中都有任务,这些任务必须通过始终考虑其他人的利益来完成。

爱情和婚姻不仅仅是社会适应的普通问题,它需要一种特殊的同情,一种将自己与他人等同起来的特殊能力。如果说现在很少有人对家庭生活有充分的准备,那是因为他们从来没有学会用眼睛看,用耳朵听,用心灵去感受别人。

在前面的章节中,我们的大部分讨论都集中在那种只对自己感兴趣,而对别人不感兴趣的孩子身上。我们不能指望这样的人随着身体性本能的成熟而在一夜之间改变自己的性格,他对爱情和婚姻毫无准备,就像他对社交生活毫无准备一样。

社会兴趣是缓慢增长的。只有那些从孩提时代起就真正在社会兴趣方面受到训练,并且总是在生活的有用方面努力的人,才会真正拥有社会情感。正因如此,要判断一个人是否真的做好了与异性共度一生的准备就不难了。

我们只需要记住,我们在生活中有用的方面所观察到的事。**站在生活这一边的人是勇敢的,并且对自己有信心。**他会直面生活中的问题,然后寻找解决方案。他有伙伴、朋友,并且和邻居相处得很好。**一个没有这些特质的人是不值得信任的,也不能被认为已经准备好恋爱和婚姻了。**另外,我们也可以得出这样的结论:如果一个人有一份工作,并且在这份工作中有所进展,那么他很可能已经准备好结婚了。我们虽然通过职业这一个很小的标志来判断,但是这个标志非常重要,因为它表明了一个人是否有社会兴趣。

对社会兴趣本质的理解告诉我们,爱情和婚姻问题只有在完全平等的基础上才能得到圆满解决。基本的平等是很重要的事情,一方是否尊重另一方并不是很重要。**爱本身并不能解决问题,因为有各种各样的爱。只有在平等的基础上,爱情才会沿着正确的方向发展,并使婚姻成功。**

如果男方或女方在婚后想成为征服者,结果很可能是致命的。怀着这样的想法期待婚姻并不是合适的准备,而婚后发生的事情很可能会证明这一点。在一个没有征服者容身之地的环境中,要成为征服者是不

第十一章
爱情与婚姻

可能的。**婚姻需要对对方感兴趣，并能设身处地为对方着想。**

现在我们来谈谈婚姻的特殊准备。正如我们所看到的，这涉及将社会情感与性吸引本能联系起来的训练。事实上，我们都知道，每个人从童年时代起就在自己的脑海中塑造了一个异性的理想形象。对于男孩来说，母亲很可能扮演着理想的角色，男孩总是会找一个与母亲相似类型的女人结婚。有时，男孩和他母亲之间可能会有一种不愉快的紧张状态，在这种情况下，他可能会寻找与母亲相反类型的女孩。男孩和母亲的关系以及他后来娶的女人的类型是如此接近，以至于我们可以从两个女性的眼睛、身材、头发的颜色等小细节中观察到这一点。

我们也知道，如果母亲是专横的，且压制着男孩，那么当爱情和婚姻到来的时候，他不会想要勇敢地继续下去。因为在这种情况下，他的理想型伴侣很可能是一个文弱的、顺从的女孩。或者，如果他是好胜型的，他也会在婚后和妻子吵架，并想要控制她。

我们可以看到，当一个人面临爱的问题时，童年时期表现出来的所有迹象是如何被强调和增强的。我们可以想象一个拥有自卑情结的人，在两性方面会有怎样的表现。也许因为感到软弱和自卑，他会通过总是想得到别人的支持来表达这种感觉。这种类型的人往往有一种寻找具有母亲性格的另一半的理想。有时，为了补偿他的自卑感，他可能会在爱情中采取相反的方向，变得傲慢、无礼和好胜。然后，**如果他没有很大的勇气，他会感到自己被限制在自己的选择里**。他可能会选择一个好胜的女孩，并发现在激烈的争吵中，让自己成为征服者更光荣。

任何一种性别都不能以这种方式行动成功。**为了满足自卑情结或优越情结而利用两性关系似乎是愚蠢而可笑的**，然而这种情况经常发生。如果我们仔细观察，我们会发现，很多人寻找的伴侣实际上是受害者。这些人不明白，不能利用两性关系达到征服的目的。因为如果一个人想要成为征服者，另一个人也会想成为征服者。因此，两个人共同生活将变得不可能实现。

人们在选择伴侣的时候会表现出某些特征，表明

第十一章
爱情与婚姻

它满足了一个人的特定情结，而这些情结在其他情况下是很难理解的。它告诉我们，为什么有些人选择弱者、病人或老人作为伴侣：他们选择这样的人是因为他们相信，对他们来说，事情会变得更容易一些。有些时候，他们会寻找已婚的人：这是一种永远不想找到问题解决办法的情况。有时，我们发现人们同时爱上两个男人或两个女人，因为，正如我们已经解释过的，"应付两个女孩比应付一个更容易"。

我们已经看到过一个患有自卑情结的人如何改变他的职业，拒绝面对问题，而且永远不会完成事情。当面对爱情问题时，他也会采取类似的行动。爱上一个已婚的人，或同时爱上两个人，是满足他习惯性倾向的一种方式。此外，还有其他表现，例如，过长的订婚期，甚至是永久的求爱期，而他们永远不会真的进入婚姻。

在婚姻中，被宠坏的孩子非常典型，他们想要得到伴侣的宠爱。在恋爱的早期或婚姻的最初几年，这种情况的存在可能没有什么危险，但之后会带来复杂的情况。我们可以想象两个娇生惯养的人结婚后会发

阿德勒心理学讲义
生活的科学

生什么。他们都想被宠爱，但都不想扮演照顾者的角色。这就好像他们站在彼此面前，期待着什么，但谁也没有得到。他们都有一种不被理解的感觉。

我们可以理解，当一个人感到自己被误解，而且他的行为受到限制时会发生什么。他感到自卑，想逃走。这种感觉在婚姻中尤其糟糕，尤其是当一种极度绝望的感觉出现时。当这种情况发生时，报复就开始悄悄发生了。一个人想扰乱另一个人的生活，最常见的方法就是不忠。不忠永远是一种报复。的确，那些不忠的人总是以爱和感情来为自己辩护，但是我们知道感受和情绪的价值。情感总是与优越目标相一致，而不应该被当作证据。

我们可以拿一个养尊处优的女人来举例说明。她嫁给了一个总觉得自己受到他哥哥束缚的男人。我们可以看到，这个男人是如何被这个家中唯一的女孩的温柔和甜美所吸引的，而她也希望自己永远被欣赏和喜欢。他们的婚姻很美满，直到他们有了孩子。我们可以预测发生了什么。一方面，妻子想成为关注的中心，但又害怕孩子会占据那个位置，所以她生下这个

第十一章
爱情与婚姻

孩子并不是很开心。另一方面,丈夫也想要得到这种偏爱,担心孩子会夺走他的位置。结果夫妻俩都起了疑心。他们可能并没有忽视孩子,而且他们是很好的父母,但他们总是担心彼此的爱会减少。这种怀疑是危险的,因为如果一个人开始衡量对方的每一个字、每一个动作、活动和表情,就很容易认为他们的感情变淡了。他们双方都感觉到了这一点。碰巧的是,这时丈夫去了巴黎度假并享受生活,而妻子处于产后恢复期并照顾着婴儿。丈夫从巴黎给他的妻子写了几封信,告诉她自己过得多么开心,他是如何遇到各种各样的人的,等等。妻子觉得自己被人遗忘了,所以她不像以前那么快乐了,她变得非常沮丧,很快就患上了空间恐惧症。她再也不能一个人出去了。当丈夫回来时,他总是要陪着她。至少从表面上看,她似乎已经达到了她的目的,现在她成了人们注意的中心。但这并不是一种恰当的满足,因为她有一种感觉,如果她的空间恐惧症消失了,她的丈夫也会消失。因此,她继续患有空间恐惧症。

在这次生病期间,她遇到了一位对她关怀备至的医生。在他的照料下，她感觉好多了。她感受到的深厚友情都指向这位医生。但当医生看到病人好转时，他离开了她。她给医生写了一封亲切的信，感谢他为她所做的一切，但他没有回信。从这时起，她的病情恶化了。

这个时候，妻子开始有与其他男人联系的想法和幻想，以报复她的丈夫。然而，她的空间恐惧症保护了她，因为她不能单独外出，而总是要有丈夫陪伴。因此她不可能做到不忠。

我们在婚姻中看到了太多错误，我们不免要问："这些错误都是必要的吗？"我们知道，这些错误始于童年，我们也知道，通过识别和发现人格原型特征，是有可能改变错误的生活方式的。因此，人们不禁要问，是否有可能建立咨询委员会，用个体心理学的方法来解决婚姻中的错误。这样的委员会将由受过训练的人组成，他们理解个人生活中的所有事件是如何紧密联系在一起的，也有能力同情并认同寻求建议的人。

这样的委员会不会说："你们无法达到意见一致，

第十一章
爱情与婚姻

且总是争吵,你们应该离婚。"离婚有什么用?离婚后会发生什么?一般来说,离婚的人想要再婚,并继续以前的生活方式。我们有时会看到一些人一次又一次地离婚,但他们仍然会再婚。他们只是重复他们的错误。这些人可能会问咨询委员会,他们所寻求的婚姻或恋爱关系是否有成功的可能性,或者他们可以在离婚前咨询它。

有许多小错误始于童年,直到结婚后这些错误才变得严重。因此,一些人总是下意识地认为自己会被辜负,会感到失望。有一些孩子,他们从不快乐,而且总是担心会失望。这些孩子,要么是觉得他们在感情中被取代了,另一个人会更受欢迎,要么是他们早年经历的困难使他们迷信地害怕悲剧会再次发生。我们可以很容易地看到,这种对失望的恐惧会在婚姻生活中产生嫉妒和猜疑。

女性会面临一个特别困难的情境,即她们觉得自己只是男人的玩具,而男人总是不忠诚的。有了这样的想法,我们很容易看到这个婚姻不会让她们高兴。如果一方固执地认为另一方可能不忠,是不可能幸福的。

从人们寻求爱情和婚姻建议的方式来看,我们可以判断,这通常被认为是生活中最重要的问题。然而,从个体心理学的角度来看,它不是最重要的问题,尽管它的重要性是不可低估的。从个体心理学来看,生活中没有一个问题比另一个问题更重要。如果人们强调爱情和婚姻问题,并赋予它最大的重要性,他们就失去了生活的和谐。

这个问题之所以在人们脑海中如此重要,也许是因为它与其他问题不同,这是一个我们没有得到任何常规指导的话题。回想一下我们说过的关于生活的三大问题。第一个,社会问题,涉及我们与他人的行为,我们从出生的第一天起就被教导如何在他人的陪伴下行动。我们很早就学会这些了,我们的职业也有惯常的训练课程。有精通的人在这些方面指导我们,也有书籍告诉我们该做什么。但是,告诉我们如何为爱情和婚姻做准备的书在哪里呢?当然,有很多应对爱情和婚姻问题的书。所有的文学作品都涉及爱情故事,但涉及幸福婚姻的书却很少。由于我们的文化与文学

第十一章
爱情与婚姻

紧密相连，每个人都把注意力集中在那些总是处于婚恋困境中的男女人物形象上。难怪人们对婚姻感到谨慎，甚至过分谨慎。

从一开始，这就是人类的做法。如果我们看看《圣经》，我们会发现那里的故事是，女人开始了所有的麻烦，从那之后，男人和女人总是在他们的爱情生活中经历巨大的危险。我们的教育在它遵循的方向上确实太严格了。与其把男孩和女孩培养成有罪的人，不如更好地训练女孩在婚姻中扮演女性的角色，而把男孩培养成男性角色——但要以让他们感到平等的方式训练他们。

在这方面，女性现在感到自卑的事实证明我们的文化已经失败了。如果读者不相信这一点，就请看看女性的奋斗吧。你会发现她们通常想要战胜别人，而且，她们发展和受训的远比需要的更多。她们也比男性更以自我为中心。因此，将来必须教育女性发展更多的社会兴趣，而不总是为自己寻求利益，不顾及他人。但为了做到这一点，我们必须首先废除关于男性特权的迷信。

让我们举个例子来说明有些人对婚姻的准备是多么的不足。一个年轻人在舞会上和他将要结婚的漂亮姑娘跳舞。他碰巧掉了眼镜,为了捡起眼镜,他几乎把那位年轻女士撞倒在地,这使旁观者大为吃惊。当一个朋友问他:"你在做什么?"他回答:"我不能让她弄坏我的眼镜。"我们可以看出,这个年轻人还没有做好结婚的准备。这个姑娘也确实没有嫁给他。

后来,他去看医生,说自己得了忧郁症,这是那些对自己太感兴趣的人常经历的。

有成千上万的迹象可以表明一个人是否准备好结婚了。因此,我们不应该相信一个恋爱中的人没有充分的理由而约会迟到,这样的行动显示了一种犹豫态度。这是对生活问题缺乏准备的表现。

如果夫妇中的一个总是想要教育对方,或者总是想要批评对方,这也是一个缺乏准备的迹象。敏感也是不好的信号,因为这是自卑情结的表现。没有朋友、不合群的人,对婚姻生活也没有充分的准备。延迟找工作也不是一个好迹象。一个悲观厌世的人是不适合

第十一章
爱情与婚姻

结婚的，因为悲观暴露了他缺乏面对形势的勇气。

尽管有这么多不适合结婚的性格特征，但选择一个合适的人，或者选择一个符合这个特征的人，应该不是那么困难。我们不能期待找到理想的人。事实上，如果我们看到有人在寻找一个理想的结婚对象，但从未找到，我们也许可以肯定，这个人正被一种犹豫的态度折磨着。这样的人根本不想往下一步发展。

德国有一种古老的方法来判断一对夫妇是否准备好结婚了。在农村地区有一种习俗，给新人一把双柄锯，每个人拿着一头，然后让他们锯树干，所有的亲戚站在旁边观看。锯一棵树是这两个人的任务。每个人都必须对对方的动作感兴趣，并使自己的动作和对方协调一致。因此，这种方法被认为是一种很好的测试婚姻适合度的方法。

最后，我们重申这个观点，**只有适应社会的人才能解决爱情和婚姻问题**。大多数案例中的错误是由于个体缺乏社会兴趣，这些错误只有通过人的改变才能避免。婚姻是两个人的任务。现在的事实是，我们接受的教育要么是针对一个人完成的任务，要么是需要20个人完成的任务，而没有两个人完成的任务。但是，尽管我们缺乏这类教育，婚姻任务也可以得到妥善处理，如果两个人能够认识到各自性格中的错误，并以平等的精神对待发生的事情。

毫无疑问，婚姻的最高形式是一夫一妻制。有很多人以伪科学为依据，声称一夫多妻制更适合人类本性。这个结论不能被接受，原因是在我们的文化中，爱情和婚姻是社会任务。我们不只是为了个人利益而结婚，而是间接地为了社会利益。归根结底，婚姻是为了人类整个种族的延续。

第十二章 性与性的相关问题

对性本能的过度放纵实际上与对其他欲望的过度放纵相似。现在，当任何欲望被过度放纵，任何兴趣被过度发展时，生活的和谐就会受到干扰。

我们在前一章讨论了爱情和婚姻的一般问题。我们现在转向同一个问题的一个更具体的方面——性的问题，和有关真实的或想象的异常。我们已经看到，在爱情生活问题上，大多数人比在生活的其他问题上准备得更少，练习得更少。这一结论在性的话题上更加适用。在性问题上，奇怪的是，有那么多迷信必须消灭。

最常见的迷信是"遗传特征"——相信性的特征在不同程度上是遗传的，而且是无法改变的。我们知道遗传问题是多么容易被用作借口或托词，这些借口又是如何阻碍了进步。因此，我们有必要澄清一些代表科学进步的观点。这些观点被一般的外行人看得太

第十二章
性与性的相关问题

严重了，他们没有意识到这些作者只给出了结果，而没有讨论可能的抑制程度，也没有讨论导致这些结果的性本能的人为刺激。

性在生命的早期就存在。每一位细心观察的护士或家长都能发现，在孩子出生后的最初几天里，就会有一些特定的性刺激和性活动。然而，这种性行为的表现更多依赖于环境，而不是一个人的期望。因此，当孩子开始以这种方式表达自我时，父母应该想办法分散他的注意力。但他们经常使用不会产生正确分散效果的方法，在某些时候，正确方法是不存在的。

在发展早期，如果一个孩子没有找到释放性本能的正确方式，他可能会自然地发展出对性活动更大的欲望。我们已经看到，这种情况发生在身体的其他器官上，性器官也不例外。但如果父母对孩子的指导开始得早，就有可能正确地训练孩子。

总的来说，个体在童年时期有一些性表达是很正常的，因此我们不应该被孩子的性行为吓到。毕竟，每个性别的目标最终都是与另一个人结合。因此，我们的策略应该是警惕地等待。我们应该站在一边，防止孩子的性表达向错误方向发展。

有一种倾向是将儿童时期自我训练的结果归因于遗传缺陷。有时，这种练习行为被看作是一种遗传特征。因此，如果一个孩子碰巧对自己的性别比对异性更感兴趣，就会被认为是一种遗传缺陷。但我们知道，这种缺陷是他每天都在发展的。有时，儿童或成人表现出性倒错的迹象，有许多人相信这种倒错是遗传的。但如果是这样的话，为什么这样的人还要训练自己呢？他为什么要做梦，为什么要排练自己的行为？

某些人会在特定的时候停止这种训练，这个事实可以用个体心理学来解释。例如，有些人害怕失败。他们有一种自卑情结。或者，他们可能训练得太过了，结果产生了一种优越情结，在这种情况下，我们会注意到一个夸张行为，看起来像是压力过大的性行为。这样的人可能拥有更强的性能量。

这种努力可能会受到环境的特别刺激。我们知道，图片、书籍、电影或某些社会接触往往会过度强调这

第十二章
性与性的相关问题

种性能量。**在我们这个时代，人们可能会说，每件事都趋向于对性产生过度的兴趣。**即便我们不去贬低性冲动的重要性，以及它们在爱情、婚姻和生育中所起的作用，也会发现性在当今时代是被过分强调的。

对性倾向的夸大是照看孩子的父母最应该警惕的。母亲往往过于关注孩子在儿童时期的第一次性行为，从而使孩子高估了性的重要性。她也许是被吓坏了，总是和这个孩子在一起，总是和他谈论这些事情，并惩罚他。现在我们知道，许多孩子都喜欢成为关注的中心，因此经常出现这样的情况：一个孩子继续保持他的习惯恰恰是因为他因这个习惯被责骂了。父母最好不要过分向孩子强调某个主题，而是把它当作普通困难来对待。如果一个人不让孩子们知道他对这些事情印象深刻，孩子就会过得轻松得多。

有时，一些传统习惯，使孩子倾向于向某个方向发展。有些母亲不仅是充满爱的，而且喜欢用亲吻、拥抱等方式来表达她的爱。但这些事情不应该做过头，尽管许多母亲坚持说她们忍不住要这么做。然而，这样的行为并不是母爱。这是把孩子当作敌人而不是母亲的孩子。娇生惯养的孩子在性方面也不会发展得很好。

在这方面，可以指出的是，很多医生和心理学家认为，性的发展是整个心智和心理发展的基础，也是所有身体运动的基础。在本书作者看来，这是不正确的，因为**性的整体形式和发展依赖于个性——也就是生活方式和人格原型**。

例如，如果我们知道一个孩子以某种方式表达他的性欲，或者另一个孩子压制了性欲，我们就可以猜测他们在成年后会发生什么。如果我们知道孩子总是想要成为关注的中心，并想要战胜别人，那么他的性欲也会发展出征服别人，并成为关注中心的特征。

很多人认为，当他们在一夫多妻制中发挥自己的性本能时，他们是优越的、占统治地位的。因此，他们与许多人发生性关系，我们很容易看出他们是出于心理原因，故意过度强调自己的性欲和态度。他们认为这样他们就会成为征服者。当然，这是一种错觉，它是对自卑情结的一种补偿。

第十二章
性与性的相关问题

自卑情结是性行为异常的核心。一个有自卑情结的人总是在寻找最简单的出路。有时他找到了这种简单的方法，即排除大部分生活而放大他的性生活。

我们经常在儿童身上发现这种倾向。一般来说，我们发现它存在于那些想占有他人的孩子当中。他们通过制造困难占据父母和老师的时间，从而让他们跟随自己，在生活的无用面努力。在之后的生活中，他们会用自己的性取向占据别人的生活，并想要用这种方式感受到优越。这些孩子在成长过程中把他们的性欲与征服感和优越的欲望混淆了。有时，在他们排除生活中的部分可能性和问题的过程中，他们可能会排除另一性别，发展出同性恋。重要的是，在性反常的人群中，我们往往会发现过度紧张的性行为。事实上，他们夸大了自己的性反常倾向，以避免面对正常性生活中的问题。

我们只有了解了他们的生活方式，才能理解这一切。有一些人，他们想要得到更多关注，但他们认为自己无法充分引起异性的兴趣。他们对异性有一种自卑情结，这可以追溯到童年时代。举个例子，如果他们发现家庭中女孩的行为和母亲的行为比他们自己更有吸引力，他们就会觉得自己永远没有能力吸引女性。他们可能会非常羡慕异性，以至于开始模仿异性。因此，我们看到有些男人长得像女孩，就像有些女孩长得像男人。

有一个例子很好地说明了我们已经讨论过的性取向的形成，这个人被指控对儿童性虐待。在他的成长过程中，我们了解到，他有一个专制且控制他的母亲，也总是批评他。尽管如此，他在学校里还是成长为一个聪明的好学生。但他的母亲从不满足于他的成功。由于这个原因，他想把母亲排除在他对家庭的情感之外。他对母亲不感兴趣，却整天和父亲在一起，非常依恋父亲。

我们可以看到，这样的孩子可能会认为，女性是严厉和苛刻的，与她们接触不是出于乐趣，而仅仅是一种需要。就这样，他开始排斥异性。其实，这个人是我们很常见的一种类型，他总是在害怕的时候感受到性刺激。由于焦虑和恼怒，这类人会不停地寻找他不会害怕的情况。在以后的生活中，他可能会惩罚或

第十二章
性与性的相关问题

折磨自己，或看一个孩子被折磨，甚至想象自己或别人被折磨。在真实或想象的折磨过程中，他会感到性刺激和性满足。

这个人的情况表明了错误训练的结果。这个人永远不明白他的习惯之间的相互联系，即使他明白了，也为时已晚。从二十五岁或三十岁开始训练一个人当然是非常困难的。正确的训练时间是童年早期。

但在童年时期，孩子与父母的心理关系使事情变得复杂。令人好奇的是，糟糕的性别训练如何成为孩子和父母心理冲突的结果。一个打架的孩子，尤其是在青春期，可能会以滥用性行为的方式来故意伤害父母。我们都知道，男孩和女孩在与父母发生争执后容易发生性关系。孩子们对父母采取这些报复的手段，尤其是当他们看到父母在这方面很敏感的时候。一个爱打架的孩子几乎总是采用这种方式表达攻击。

避免这种策略的唯一方法是让每个孩子对自己负责，这样他就不会仅仅认为这是父母的利益，而是认识到这也是他自己的利益。

除了童年环境对生活方式的影响外，一个国家的政治和经济状况对性的发展也有影响。这些情况导致了一种极具传染性的社会风格。在日俄战争和俄国第一次革命失败后，当所有人都失去希望和信心时，出现了一场浩大的性运动，被称为萨宁主义（Saninism）。所有成年人和青少年都被卷入了这场运动。人们在革命期间也发现了类似的对性的夸大，当然，众所周知的是，在战争时期，由于生命看起来毫无价值，人们非常依赖于性的享受。

奇怪的是，警方把这种性行为理解为一种心理释放。至少在欧洲，每当有犯罪发生时，警察通常会搜查妓女的房子。在那里，他们找到了他们正在寻找的凶手或其他罪犯。罪犯在那里是因为在犯罪后，他感到过度紧张，所以去寻求释放。他想让自己相信自己的力量，证明自己仍然是一个强大的人，而不是一个迷失之魂。

有个法国人曾经说过，人是唯一一种不饿也吃东西，不渴也喝东西，而且总是做爱的动物。**对性本能的过度放纵实际上与对其他欲望的过度放纵相似。现**

第十二章
性与性的相关问题

在，当任何欲望被过度放纵，任何兴趣被过度发展时，生活的和谐就会受到干扰。《心理学年鉴》里充满了这样的例子：人们发展兴趣或欲望，达到了一种强迫的程度。守财奴过分强调金钱的重要性，这种情况一般人是很熟悉的。但也有一些人认为清洁很重要。他们把清洗放在所有其他活动之前，有时他们甚至会洗一整天，直至半夜。还有一些人坚持认为吃是最重要的，他们整天都在吃，只对吃感兴趣，除了吃什么都不谈。

过度纵欲的情况也是相似的，它们使整个行为的和谐失去了平衡。他们不可避免地把整个生活方式拖到了生活中无用的一面。

在性本能的适当训练中，性冲动应该被导向一个有用的目标，在这个目标中，我们的所有行为都可以得到表达。如果正确地选择目标，性或任何其他生活表达都不会被过度强调。

然而，当所有的欲望和兴趣都必须被控制和协调时，完全的压抑就会有危险。正如在饮食问题上，当一个人节食到极致时，他的思想和身体都会受到影响，同样，在性问题上完全禁欲是不可取的。

这句话所暗示的是，在一种正常的生活方式中，性将找到它适当的表达。这并不意味着我们可以仅仅通过自由的性表达来克服神经症，神经症正是一种不平衡的生活方式的标志。有一种被大肆宣扬的信仰认为，被压抑的性欲是神经症的原因，这是不正确的。反之亦然，神经症患者找不到适当的性表达。

那些被建议要更自由地表达自己的性本能，并且听从了这个建议的人，只得到了一个更加糟糕的结果。事情会这样发展的原因是，这些人无法驾驭他们的性生活，以实现一个对社会有用的目标，而这个目标本身就可以改变他们的神经症的状态。性本能的表达本身并不能治愈神经症，因为神经症是一种生活方式疾病，它只能通过服务于生活方式来治愈。

对于个体心理学家来说，这一切都是如此清楚，以至于他会毫不犹豫地将幸福的婚姻作为解决性问题的唯一令人满意的办法。神经症患者不喜欢这样的解决办法，因为他们总是很怯懦，对社会生活没有充分

第十二章
性与性的相关问题

准备。同样，那些过度强调性行为、谈论一夫多妻、友伴式婚姻或试婚的人，都在试图逃避性问题的社会解决方案。他们没有耐心在夫妻共同利益的基础上解决社会适应问题，梦想通过某种新的方式逃脱。然而，有时最艰难的道路恰恰是最直接的。

第十三章 结论

　　一方面，自卑是一个人努力和成功的基础。另一方面，自卑感是我们所有心理适应不良问题的基础。

第十三章
结论

现在是得出我们的研究结果的时候了。个体心理学的研究——我们毫不犹豫地承认它——以自卑感的问题开始和结束。

我们已经看到，**一方面，自卑是一个人努力和成功的基础。另一方面，自卑感是我们所有心理适应不良问题的基础。**当个人找不到一个适当的、具体的优越目标时，自卑情结就会产生。自卑情结导致个体有一种逃避的欲望，而这种逃避的欲望又通过优越情结来表达，这种优越情结只不过是生活中无用和徒劳方面的目标，它提供了一种虚假的成功的满足感。

这就是心理生活的动力机制。更具体地说，我们知道心灵运作中的错误在某些时候比在其他时候更有害。我们也知道，生活方式是个体在儿童时期形成的一种倾向，即在四五岁时形成的人格原型中慢慢具体化的。正因如此，指导我们心理生活的全部重担就取决于适当的童年指导。

关于儿童指导，我们已经指出，主要目标应该是培养适当的社会兴趣，通过这些兴趣，有用且健康的目标可以得以具体化。只有通过训练孩子适应社会模式，才能使这种普遍的自卑感控制在适当范围内，并防止产生自卑情结或优越情结。

社会适应是自卑问题的正面面对。正是由于个体的自卑和软弱，我们才发现人类需要生活在社会中。因此，社会兴趣和社会合作是个体的救星。